◆ 青少年成长寄语丛书 ◆

不经意的小习惯会悄悄改变人生

◎战晓书　编

吉林人民出版社

图书在版编目(CIP)数据

不经意的小习惯会悄悄改变人生 / 战晓书编 . -- 长
春 : 吉林人民出版社, 2012.7

（青少年成长寄语丛书）

ISBN 978-7-206-09143-8

Ⅰ.①不… Ⅱ.①战… Ⅲ.①习惯性 – 能力培养 – 青
年读物②习惯性 – 能力培养 – 少年读物 Ⅳ.①B842.6-49

中国版本图书馆 CIP 数据核字(2012)第 150850 号

不经意的小习惯会悄悄改变人生

BUJINGYI DE XIAOXIGUAN HUI QIAOQIAO GAIBIAN RENSHENG

编　　者:战晓书

责任编辑:田子佳　　　　　　封面设计:七　洱

吉林人民出版社出版 发行(长春市人民大街7548号　邮政编码:130022)

印　　刷:北京市一鑫印务有限公司

开　本:670mm×950mm　　1/16

印　张:13　　　　　　　　字　数:150千字

标准书号:ISBN 978-7-206-09143-8

版　次:2012年7月第1版　　印　次:2023年6月第3次印刷

定　价:45.00元

目 录
CONTENTS

目　录
CONTENTS

目 录
CONTENTS

目 录
CONTENTS

搀　　扶

　　搀扶是一种心灵的抚慰，是一种友情的闪烁，是一种无言的交流；搀扶是春天里闪烁的一束光环，是春风里涌动的一朵花汛，是生命中的一丛绿荫，是生活中的一个音符；搀扶是发自心底的呼唤，是人与人之间真挚情感的桥梁。

　　在人生旅途的跋涉中脚不小心陷进了路边的泥潭，只要旁人搀扶一下，他就会走上来；走路时身体失去了平衡，只要旁人搀扶一下，他就会站稳；即使跌倒了，摔伤了，只要旁人上去搀扶一下，他就会重新站起来；生活中遇到了天灾人祸，只要有人肯搀扶，他就会顺利渡过难关；甚至连那些在政治生活中摔了跤的人，只要有人真诚地去搀扶，他就会重新做人……总之，生活中需要搀扶，谁也离不开搀扶。

　　有时只是举手之劳，就能帮人摆脱困境，使其绽开信心的花蕾，重新去编织绚丽璀璨的花环。生活中有了搀扶，人与人之间会变得更加温馨和谐，世界会更加充满阳光。不是吗？"希望工程"使千百万失学儿童重新背起书包，享受读书学习的权利；千万颗爱心搀扶灾区人民树立起再建家园的决心，重新鼓起生活的勇气；富裕发达地区搀扶贫困落后地区共同致富。

面对搀扶，无需自卑羞涩，无需孤芳自傲，无需自惭形秽，无需躲避那直率真诚的目光。要知道，在这个世界上，在芸芸众生中，即使再聪明的人，再健壮的人，再伟大的人，再权重的人，再富裕的人，在人生旅途上也不敢言不需要别人搀扶。

搀扶是对他人困境发自内心的理解与关爱，是仗义分担他人的忧虑与痛苦，是不思图报的支持与帮助；搀扶是社会交际的桥梁，是灵魂沟通的钥匙，是心灵深处的共鸣；搀扶是生命中盛开着的鲜花，是湖面上吹起的绚丽涟漪，是心与心的碰撞，是情与情的交融。

让我们每一个人把高尚的情操、真挚的情感与善良的心境，水乳般地交融在一起，伸出手来紧紧相握，掏出心来紧紧相融，共同搀扶着去跋涉壮丽的人生！

（秦凤岗）

忘 记

　　房间里的东西太多、太乱，会使人感到压抑，不舒畅。人的心房不也是如此吗？房间里杂七杂八的东西多了，就要清理，该整理的整理，该搬的搬，该扔的扔，人的心房又何尝不如此？

　　清理心房的"搬"和"扔"，叫做"忘记"。

　　忘记，有时候比记住更重要，亲朋之间偶有不周，邻里之间偶生摩擦，领导表扬偶有疏漏，奖金分配偶有不公……陈谷子烂芝麻鸡毛蒜皮把心房塞得满满的，耿耿于怀，放弃不下，鸡争鸭斗无止无休，这样的人，活着又怎能轻松而舒畅？

　　还有人，心房里充斥的是个人的名利、是非恩怨针尖儿大的得失，静寂之时，如牛反刍，越想越悔，越悔越恨，越恨越想，愁思阵阵，怨恨悠悠；或本无过，却高度"过敏"，杯弓蛇影，镜花水月，搁在心房，久不能除，乃至忧思成病，沉沦不起。这样的人虽说不与人争，但活得又怎能不彷徨而苦闷？

　　生活的竞技场上，我们每个人都是赛手，赛出的结果千差万别，撇开环境、机遇等因素，其根源往往就是因为精力分配不同。人的精力是一个常数，有所不为才能有所为，不会忘记也就不会记住。生活需要记忆，记住经验，记住关怀，记住友谊，记住爱情……但生活也需要忘记。忘记人生的坎坷，可以扫除烦恼；忘记成功的辉煌，可以永保进击的姿态；忘记个人的恩怨，可以获得平和的心态和人际关系。生活就像过滤器，只有滤去过去的杂质，才能留下精华，走好今天的路，活出动人的风采。不会忘记，被名利缠身，为是非所累，让鸡毛蒜皮所困，就等于背上了沉重的包袱，就不可能走得轻松走得愉快，走得潇洒走得自在，就会"问君能有几多愁，恰似一江春水向东流"。活得很苦很累。

柳宗元写过一篇《蝜蝂传》。蝜蝂是一种弱小的昆虫，本来可以轻松地活着，但是它太贪，一路走过去遇到喜欢的就一股脑儿全背在背上，它喜欢的东西太多，于是越背越沉重，终于被累死。蝜蝂为物所累，不肯舍弃，酿成悲剧。忘记其实也是一种舍弃，不会忘记，不懂得给心灵减负，则是精神上的蝜蝂，心灵的重负同样会把人累死。

忘记，对心境是一次宽松，对心灵是一种滋润，它是驱散乌云的清风，是清扫心房的能手，有了它，生活才会阳光灿烂，人生才能有爽朗、坦然的心境。沉湎于旧日的失意是脆弱的，迷失在痛苦的记忆里是可悲的。学会忘记，这是一种超脱，一种风度，一种坚强，一种对生活中忧愁痛苦的傲视与嘲讽。"度尽劫波兄弟在，相逢一笑泯恩仇。"靠的就是忘记的力量。很多时候，只有学会忘记，你才会宽容豁达，走出百忧烦心的泥潭，你才能更有朝气和活力，更有信心和力量。

（夏俊山）

发现美丽

一个对生活极度厌倦的绝望的少女，她打算以投湖的方式自杀。在湖边她遇到了一位正在写生的画家，画家专心致志地画着一幅画。少女厌恶极了，她鄙薄地睨了画家一眼，心想：幼稚，那鬼一样狰狞的山有什么好画的！那坟场一样荒废的湖有什么好画的！

画家似乎注意到了少女的存在和情绪，他依然专心致志神情怡然地作着画，一会儿他说：姑娘，来看看画吧。

她走过去，傲慢地睨视着画家和画家手里的画。

少女被吸引了，竟然将自杀的事忘得一干二净，她真是没发现过世界上还有这样美丽的画面——他将"坟场一样"的湖面画成了天上的宫殿，将"鬼一样狰狞"的山画成了美丽的长着翅膀的女人，最后将这幅画命名为《生活》。

少女的身体在变轻、在飘浮，她感到自己就是那婀娜的云……

良久，画家突然挥笔在这幅美丽的画上点了一些脏垢麻乱的黑点，似污泥，又像蚊蝇。

少女惊喜地说："星辰和花瓣!"

画家满意地笑了："是啊，美丽的生活是需要我们自己用心发现的呀!"

每行必得

　　人的所有行为都受到社会诸多的因素制约，谁也不能想干什么就干什么。想干的事情干起来有劲也有所得，不想干的事情干起来能不能有劲，能不能有所得呢？我看能！

　　问题在于，你能不能从不想干而又不能不干的事情中，发掘出它内在的价值。

　　力争有所得，不致落得无事忙。

　　兴趣总是在发现中获得的。

　　发现总是在发掘中获得的。

　　发掘总是在兴趣中获得的。

　　想干的事情干出成果并不足奇，不想干的事情干出成果才是真正的本领。从另一个角度看，这也是对人失落感的一种补偿，对失衡的一种平衡。

　　身不由己的境况常会遇到，身不由己之时心却仍然可以由己，想干什么或不想干什么确实不能完全由自己决定，但能干什么或干出什么则完全取决于自己的发掘、发现。某些大建大树亦是由此建构而成。

朴　素

　　朴素就是质朴，就是一种坚实优良的生命质地。

　　朴素就是素雅，折射着人性之光，散发着人格之力，有着厚道稳重的分量。

　　朴素能透出一种风范，蕴含一种气质，感觉一种心态。朴素就是本原，就是平常心，就是君子之交不做作，不刻意，不迎合，不伪饰。爱自己的一角天空就爱得大大方方，爱自己的一块净土就爱得自自然然，爱自己的一泓水域就爱得真真切切，爱自己的一种底色就爱得平平实实。

　　朴素就是素面朝天，就是抱朴守拙，就是闹市中的清响，就是生命的雅奏。

　　朴素能使人高洁大气，朴素能将生活酿成美酒，朴素就是经过文明浸染后再经受风雨侵蚀而依然坚持本真的人格内涵。

　　如果用一种坦诚朴实的心态去看待人生的变故，我们就会发现，一切难以消除的块垒骤然消失。我们以淳朴的心境从容地看天空云卷云舒，看地上花开花落，看世间人聚人散，这便是一种朴素的修养了。朴素的人不哗众取宠，不趋炎附势，具有宽阔的胸襟和容人的雅量。朴素的人不矫揉造作，不漂浮浅薄，总是善解人意与人为善，对世界怀有诚敬之念，对人生抱着亲和之态。

如果比作衣料，朴素就是棉质的温暖，看上去虽不如丝绸化纤华丽雍容，只要多接触，就会有一种舒适亲切之感。

如果比作饮品，朴素就是绿茶的馨香，看起来虽不如咖啡果汁浓酽气派，只要多品茗，就会有一种"喝尽天下春"的豪迈。

朴素就是黑白照片，历久弥新；朴素就是中国围棋，不在于色彩缤纷却在于营造的一种意境；朴素就是中国民歌，魅力在于它旺盛的生命力和悠长的回味；朴素就是绿叶就是树根，脚踏实地，掌心向下，禀日月之精华，修真美之善念，常怀素心，让每一天都成为一年中最盛大的节日。

人最富贵的是生命，最舒心的是自由，最难得的是信任，最难忘的是感动，最可爱的是青春，最幸福的是初恋，最得意的是拥有，最长久的是朴素。

桃李虽艳，何如松苍柏翠之坚贞；梨杏虽甘，怎比橙黄橘绿之醇洌。朴素就是无花果，就是处女地上长出来常青的生命之树。

朴素就是本色，就是少说多做，就是淡淡常流水。

朴素就是简简单单做人，认认真真处世，踏踏实实工作，灿灿烂烂生活。

浓艳一时，朴素永恒。

换只手，举高你的自信

考上高中后我从乡下到城里寄宿读书，城里的学生很有钱，成绩也很好，因而我总是很自卑，上课老师提问时城里学生都抢着回答，我却从不抬头也几乎从不举手回答问题。我的物理基础很差，物理课上老师几乎每堂课都要提问，但很少叫坐在后排的我回答问题。

可有一次，老师问了一道我不懂的问题，同学们争先恐后地举手，我想反正我举手老师也不提问我，受虚荣心的支配，我也举起了手，结果老师偏偏叫我回答，我起立后哑口无言，当众出丑，同学们哄堂大笑。

放学后我一个人坐在教室里琢磨那道题，耳朵里始终回响着同学们的哄笑声，不争气的眼泪掉了下来。物理老师进来了，他深入浅出地给我讲解了那道题，然后和蔼地说："学习时不要不懂装懂，农村出身不是你的过错，那反而是一种资本，你不要自卑。以后我提问时遇到你懂的题你举起左手，不懂的题你举起右手，你懂的题你甚至可以把手举得比别人高一点，我就知道该不该叫你回答。"老师的话使我深受感动。

　　此后的物理课上我就按老师所说的做了。期中考试结束后，老师对我说："这段时间你举左手的次数为25次，举右手的次数为10次，再加把劲，争取把举右手的次数降到5次。"细心的老师竟统计了我举左右手的次数，我暗下决心争取不举右手。从此遇到难题我宁可不吃饭不睡觉也要把它攻克。期末考试时我考全班第一名，老师欣慰地对我说："你终于不举右手了。"

　　后来考上大学后老师来送我，他只对我说了一句话："别让自卑打倒你的自信，换只手举高你的自信。"我终于明白了老师的良苦用心：他让我举右手并且少举右手只是为了让我超越自己，换只手举高自己的信心，赢自己一把啊。在人生的道路上免不了遇到对手和困难，但如果不能举左手，那我们做的第一件事就是"举起自己的右手"……

（马国福）

飞来的"绣球"

几年前的一个周末，我与朋友到北京一家保龄球馆打保龄，一局没打完，一场事故却发生了。

相邻球道的一位小姐也许是第一次玩儿这个要力气、讲技巧的运动，她提起一个10磅的球，碎跑几步，朝瓶奋力掷去。哪知她毫无缚鸡之力的纤纤细指没把球抓稳，球没朝目标飞去，却听"哎哟"一声尖叫在旁边响起，突惊左右。她侧头一看，才知球重重地砸在了我朋友的左脚上。朋友双手紧握伤处，疼得嗷嗷直叫。我们顿时拥上去，发现朋友的脚背立马肿了起来。替他脱掉球鞋，血已浸透了袜子。再褪去袜子，见他左脚大拇指的指甲盖已经脱落。

小姐吓得脸色发紫，惊慌失措，一个劲儿地说对不起，请原谅，我该死，我是第一次打保龄，请多多包涵。朋友不恼不怒，吃力地笑了笑，谁都没想到他竟然出语幽了她一默："小姐，你再练练一定能够次次打全中，我的脚指头这么小你都能打中，球瓶那么大还能不中？"小姐想笑却不敢笑，更是满脸的难堪色，一心的内疚感。朋友咬着牙自嘲道："嗨，没啥，就当是接了个绣球呗！"小姐终于忍不住扑哧笑红了脸："你再疼也不说疼，真是男子汉！"朋友又咧着嘴说："我不是女人，也不是太监，只能是男子汉啦！"

我们送朋友去医院包扎，小姐也执意要去。后来，这个意外事故的尾声却是一个美好故事的序曲——朋友和小姐戏剧性地恋爱起来，并最终结成良缘。成了朋友妻子的小姐向我们夸赞朋友："他坚强勇敢，胸襟宽广，为人和气，机智幽默，懂得体贴，谅解他人，是个值得终生依靠的男人。"朋友也说："当初我要是骂一顿，吵一通，既不解痛，也不解气，何苦呢？我丢了个指甲盖，却捡来个好老婆，真是吃亏是福啊！"

一场过失性事故，演绎成一个动人的爱情故事，这是与人为善的绝妙回报。

（曾有情）

一块污渍

有一位伯爵，脾气很坏。尽管这样，他还不准别人指出来，你要是当他的面儿指出来，他必定大发雷霆。伯爵夫人对他也毫无办法。

有一次，伯爵偕同夫人去参加一次重要的酒会。可他一进门，便引得宾客们哄堂大笑。伯爵感到十分尴尬，赶紧拉着夫人走到一僻静处，悄悄问她，到底是怎么回事？伯爵夫人耸耸肩，摇摇头。

伯爵不得不领着夫人回到大厅，但哄笑声仍然不断。

酒会还没结束，伯爵就领着夫人匆匆退了场。

一回到家，他便气呼呼地埋怨起参加酒会的宾客，并咒骂他们没一点儿修养。夫人在一旁静静地听着，默不作声。直到他脱下西服，发现洁白的西服后背有一大块漆黑的污渍，才停止了咒骂。他气势汹汹地把西服甩在夫人面前，大声质问道："当时为什么不告诉我西服上有大块污渍，让我在大庭广众之下丢尽脸面？"

夫人并未害怕，反问道："你认为只有污渍让你在大庭广众之下丢尽脸面吗？你的坏脾气早已让你自己把脸面丢光了。"

伯爵一听，态度缓和下来。

　　"我既然丢了那么多脸面，你为什么不早告诉我呢?"

　　"我已不止一次地提醒你，可我每次刚开口你就大发雷霆，我还敢告诉你吗?"

　　伯爵听完，惭愧地低下头，并不停地向夫人道歉。

　　从那以后，伯爵很少再发脾气了。因为他想发脾气的时候，总会想起西服上的那块污渍。

（吴志强）

苏东坡与斯坦福

宋朝大文学家苏东坡逛庙会，庙里主持和尚见他穿戴平常，貌不出众，对他冷淡地说声"坐"，对小和尚说"茶"。小和尚未有动作。苏东坡并未坐下，只和主持和尚谈了几句话。主持和尚听他谈吐文雅，便说"请坐"，对小和尚说"敬茶"。主持和尚后来知道此人竟是极负盛名的苏东坡，便立即献出十二分的殷勤，说"请上坐!"命小和尚"敬香茶!"后来，老和尚请苏东坡题诗留念。苏东坡提笔写了一副对联：

坐，请坐，请上坐；

茶，敬茶，敬香茶。

老和尚看后，又羞又愧，面红耳赤。

若干年后，在异国他乡，一对老夫妇，女的穿着一套褪色的条纹棉布衣，她的丈夫穿着布制的便宜西装，也没有事先约好，就直接去拜访哈佛大学的校长。校长的秘书断定这两个乡下佬根本不可能与哈佛有什么业务来往，不屑一顾。那丈夫轻声地说："我们要见校长。"秘书说："他整天都很忙碌!"那妻子回答说："没关系，我们可以等。"过了几个钟头，他们一直等在那里。秘书只好通知校长，校长不耐烦地同意了。那妻子告诉他："我们有一个儿子曾经在哈佛读过一年，他很喜欢哈佛，他在哈佛的生活很快乐。但是去年，他出了意外而死亡。我丈夫和我想在校园里为他留一纪念物。"校长并没有被感动，反而觉得很可笑，粗声地说："夫人，我们不能为每一位曾读过哈佛而后死亡的人建立雕像的。如果我们这样做，我们的校园看起来像墓园一样。"那妻子说："不是，我们不是要竖立一座雕像，我们想要捐一栋大楼给哈佛。"校长仔细地看了一下他们的装束然后吐一口气说："你们知不知道建一栋大楼要花多少钱？我们学校的每栋建筑物都超过750万美元。"这时，这位女士沉默不讲话了。校长很高兴，总算可以把他们打发走了。这位妻子突然转向她丈夫说："只要750万就可以建一座大楼？那我们为什么不建一座大学来纪念我们的儿子？"就这样，这对夫妇离开了哈佛，到了加州，成立了斯坦福大学来纪念他们的儿子。

苏东坡先生可以说与斯坦福大学一点也不搭界。斯坦福大学图书馆里也许能收藏苏东坡这位东方的古代大文豪的作品，仅此而已。但苏东坡与斯坦福大学创始人因"其貌不扬"导致的不应有的待遇却有异曲同工之处，无论是东方还是西方，"历史上常常有惊人的相似之处"（恩格斯语），令人禁不住扼腕长叹！从后果上看，庙里那位见风使舵的主持和尚失去的仅仅是个人的礼仪、修养和人格，而哈佛大学那位校长失去的还不仅仅是这些，他失去了一次极好的巨资捐赠扩建哈佛的机遇，不能不视为哈佛憾事。

"温故而知新"。在人际关系错综复杂的当今社会，我们应从当年的主持和尚和哈佛校长身上吸取什么教训呢？俗语说："人不可貌相，海水不可斗量"。最起码应该明白，绝不能印象看人，衣貌取人，要从心灵深处构建人与人一律平等、人与人要相互尊重的美德，只有这样，才能广泛结缘，广交人才，获得机遇，振兴事业。倘若不是这样，就要与若干机遇失之交臂，弄得不好，还会上一些相貌堂堂、衣冠楚楚、信誓旦旦的骗子们的当，对这一点，我们的领导者、企业家尤应引起注意。

（李秋生）

修养忍耐与宽容的品性

你爱吃鱼，我爱吃肉，虽然嗜好各有不同，但缘分安排我们一桌共食，我们也都吃到了自己喜欢的东西，这很好。

如果我们能承认品质各自有异的客观存在，便会对彼此的互异感到快乐。你有你的思考方式，我有我的思考方式，若是我们都能互相学习，彼此宽容，就能一团和气。

无论彼此有何不同，你我都各有长处与缺点，如果我们能学习别人的长处，赞美别人的长处，努力改正自身的缺点，含蓄地指出别人的缺点，即可共同提高生活水准。不必去批评责难，也不必互相排斥，更不用怀疑别人是否出了毛病，真正能做到此境界者，才是真正的君子。

砂糖是甜的，精盐是咸的。它们是味道的两极，互为正反。如果想要使食物尝起来是甜的，只要加点糖就可以了。然而事实上，若我们再加入些盐，反而更能增强砂糖的甜度与味道。这是因为调和了互为正反的两种味道而产生的一种新鲜滋味，这正是造物主绝妙的安排。

事物都有对立，都有正反。有对立的关系，我们才能感觉到自己的存在，才能体会出那种类似砂糖里加入了盐的滋味。

　　所以，与其苦思如何去排除那些挥之不去的东西，还不如苦思如何去接纳调和它们。如此，必能产生新的天赐美味，而康庄大道也就在我们面前展开了。

　　一般人往往认为人与人之间的关系，可以凭自己的意志来促成或断绝。但事实并非如此，人与人之间的关系，并不是个人的"意志"或"希望"所能左右，而是由一种超越个人的意志或希望的力量来决定的。

　　明白了这个道理，就应该珍惜自己的人际关系，心中常怀感激之情，在任何不平或不满之前，先以谦虚的态度想到彼此的缘分，然后以喜悦的心情、热忱的态度对待对方。如果每个人都能这样，必然可以产生坚强无比的力量，使社会由黑暗变为光明。

　　人与人相互依靠而生活，从事工作。这世界各类人都有，因此，唯有养成忍耐与宽容的品性，才能适应这个社会。

（肖秀清）

忘却是福

前不久，一位文友家里遭遇不幸：妻子病故，女儿夭折。这可以说是人生最大的悲痛了。于是，我约了几个朋友专程去看望他。我们事先相约：绝不提那些伤心的事，只"闲叙海聊"，我们还事先安排一女同胞，去帮他把一些容易睹物伤情的照片、衣物等都"没收"了。接连几个月，我们都有意识地轮流去陪他玩儿，目的只有一个：让他脱离阴影、尽可能忘却过去，经过一段时间的精神调理，这位文友慢慢地也就忘却了那些伤心事，把心思转移到创作上，又开始了一种新的充实的生活。而我也曾经目睹过一对夫妻痛失爱女后不能自拔的情形。整日对着女儿的遗像悲悲切切，总是回忆起亡女的音容笑貌，结果，精神几近崩溃，他们也几乎成了废人。人的一生，难免会遇到灾难和痛苦，在对付不幸和痛苦的良药中有一剂就叫"忘却"。只有忘却背后的阴影才能迎接前面的阳光，只有忘却痛苦才有希望重新找到自己的欢乐。

一个朋友的父亲，原来在外省是个级别较高的干部，退休后却执意要离开那个省，来和他的独生子一起住。他说，那里的那些老熟人，总要称呼他的原职务，受不了；来到这里，就可以做个普通老百姓了，也自由舒心得多了。当然，我们偶尔也会看到这样一种情况：原来当官，在台上，冷不丁退下来了，"门前冷落鞍马稀"，于是回想被前呼后拥的情景，总怀念坐主席台的滋味，又放不下架子，不愿去和原来的下属下象棋、玩桥牌，结果身体和情绪越来越差。还有一种名人，家里的客厅中放满了获奖证书、载有本人大名的名人辞典或与大名人的合影，经常悠悠然沉醉在昔日的荣誉中，结果是停步不前，渐渐地，他也就被社会所忘却了。因此，不仅痛苦和不幸应该忘记，就是荣誉和成功也应该忘记。痛苦不忘记就会变成压在心口的石头，而荣誉不忘记也会变成背上的包袱。

人的一生是流动的一生。有一句名言说："你不可能两次踏进同一条河流。"因为即使你刻舟求剑般地从同一个渡口踏进河流，而河中流动的水早已不是原来的水了。人的生命是名副其实的一次性消费。过了今天，你就永远没有机会再获得这一天了。其实，何止是一天，即使一小时、一分钟、一秒钟也都如此，"逝者如斯夫"，追忆只添愁。因此，该忘却的就应忘却，这才是智者的选择，从这个意义说，忘却当然是福。

从学校毕业了，就不要总是想着曾考过多少个第一；结婚了，就应忘记曾有多少个异性喜欢过你；而立之年，你就要忘记前进时曾跌过多少次跤；不惑之年，你就该忘记不被信任或遭误解的烦恼；到了知天命之年，你应当完完全全忘记曾有多少个人整过你抑或你曾有过多少个仇人；退休了，你就应彻底忘记你当过什么官、出过什么名乃至忘记你存折上还有多少多少钱……总之，忘记荣辱、忘记烦恼乃至忘记年龄，这样，你就可能变得越来越单纯、越来越年轻，你的生活中就会充满快乐。

一位法国作家说过："依靠过去和埋怨过去同样是不明智的。已成为过去的事情，再美也不能使我们就此坐吃老本，而且也坏不到无法挽回的地步。"这样看来，我们的生命每前进一步，就应该忘记过去的一些东西。有一个词叫"健忘"，如若反过来用，而且这里指的是善于忘却那些的确应该忘却的东西的话，那么，这样的忘却，反倒会让我们身心健康，调皮点儿说，就是"忘健"了。

（杨圭臬）

应知人间有羞耻

俗话说："人有脸，树有皮。"有羞耻之心，这是人类不同于禽兽的显著标志之一，这似乎属于必然，然而在当今却产生了危机。请看下面一组生活镜头：

——在干净整洁的街上，一行人张口吐出一口浓痰。一位戴红袖章的老者走上前讲："随地吐痰，不讲卫生，罚款1元！"行人扔出一张10元的钞票，随口又吐了几下，并得意地说："零钱不用找了！"

——在考场上，一名女考生撩起裙子，行行公式映入眼帘。当她第三次"揭幕"时，被监考老师当场抓获。她却全无羞愧，昂首挺胸，步出考场。

——北方某市为迎接国际杂技节在当地举行，特意在街道上设置了一些花坛。某日，当园艺工人正在整理一个花坛时，突然有人大喊一声："这个花坛他们不要啦！"于是，路过的车辆纷纷停下来，车上的人忙不迭地跳下来，加入搬花行列。附近的单位甚至也为此开来汽车……一会儿，万盆鲜花被哄抢一空。

——某大城市进行了一场高雅艺术演出，举办者以为观众也必然"高雅"起来，约定先看戏，后付钱，结果容纳一千余人的大剧场仅收到五百六十元钱，还有两百元是某知名人士赞助的。我们再来"欣赏"下面几段实况录音：

——某"公仆"说："这年头撑死胆大的，饿死胆小的。有权不用，过期作废。不捞白不捞。"

——某大款说："我那么多钱，不多养几个情妇，这辈子简直白活了。"

——某行贿者说："以我的钱买共产党的权，再用共产党的权去赚更多的钱。"

——某生意人说："不坑不骗，等于白干。"

——某逃税者说："咱发财的诀窍就是偷税漏税。"

——某走穴歌星说："义演嘛就是'利'演，无利谁去演呢？"

——某卖淫女说："现在的社会是笑贫不笑娼，咱干的可是无烟工业。"

如此等等，不以为耻，反以为荣。

这真是不识人间有"羞耻"二字。在当今社会，某些人的羞耻心在沦丧，这沦丧的结果必然要带来人类文明的大倒退。《诗经》中有这样一首诗："相鼠有皮，人而无仪。人而无仪，不死何为？相鼠有齿，人而无止（通耻）。人而无止，不死何俟？相鼠有体，人而无礼。人而无礼，胡不遄死？"（见《诗经·相鼠》）用这首诗来给上述的那些寡廉鲜耻者画像，那该是一种多么绝妙的讽刺。中国自古以来就有讲礼义廉耻的传统美德。今天，社会呼唤着羞耻意识的回归，人们需要有羞耻意识。中国人向来是把"侮辱人格"视为大不敬，也把"丧失人格"视为大不义的，而人格的完善靠什么？法纪制约固然重要，但有羞耻意识，自尊、自爱、自重、自觉，不也是升华人格的一个动力吗？

有羞耻意识，是一种自我批评。"栉，所以去乱发；浴，所以濯肤垢"。一个民族，一个国家，如果失去了这种"刮肌贯骨，改过惩非"的自我教育能力，没有廉耻，不求进取，恐怕是要走下坡路的吧！

有羞耻意识对每个人来讲也是非常重要的，因为"不廉，则无所不取；不耻，则无所不为"。有了羞耻意识，才能有效地抑制邪欲，规范自己的行为，实现自我调节，减少或避免无耻之行以免堕入牲畜之列。如果不是羞耻意识荡然无存的话，上文所举那些"无耻之徒"也不至于如此自鸣得意，招摇过市。社会上那些利欲熏心、坑蒙拐骗、奴颜媚骨的人，脸皮不会如此之厚，心不会如此之黑，胆不会如此之大！

诚然，人非圣贤，孰能无过。虽然一失足未必成千古恨，但如果坚持错误，"不以为耻，反以为荣"，势必跌入"谷底"。人只有知羞知耻，才能改恶从善，只有知羞知耻，才能远离耻辱。

陈老总有诗云："有草名含羞，人岂能无耻？鲁连不帝秦，田横刎颈死。"（见《冬夜杂咏·含羞草》）光明磊落、嫉恶如仇的陈老总一生最痛恨那种不知羞耻为何物的无耻之徒，而对鲁仲连、田横这样的高义之士推崇有加。人为万灵之长，不可无羞耻之心，无羞无耻，何以为人？作为社会主义国家的一个公民，则更应该具备一点羞耻意识，耻于违法乱纪，耻于不讲公德，耻于玩忽职守，耻于损公肥私，耻于损人利己，耻于丧失国格、人格，耻于做一切不利于党和人民的事。只有这样，才能真正做一个无愧于心的人、一个有益于社会的人。

（黄中建）

性格与命运

命运主要是由两个因素决定：环境和性格。环境规定了一个人的遭遇的可能范围，性格则规定了他对遭遇的反应方式。由于反应方式不同，相同的遭遇就有了不同的意义，因而也就成了本质上不同的遭遇。我在此意义上理解赫拉克利特的这一名言："性格即命运。"

但是，这并不说明人能决定自己的命运，因为人不能决定自己的性格。

性格无所谓好坏，好坏仅在于人对自己的性格的使用，在使用中便有了人的自由。

命运当然是有好坏的。不过，除了明显的灾祸是噩运之外，人们对于命运的评价实在也没有一致的标准，正如对于幸福没有一致的标准一样。

就命运是一种神秘的外在力量而言，人不能支配命运，只能支配自己对命运的态度。一个人愈是能够支配自己对于命运的态度，命运对于他的支配力量就愈小。

（周国平）

吝啬这个毛病

吝啬这个毛病会使人头脑闭塞、心胸狭窄，会使人无动于衷、冷酷无情，会使人麻木不仁、思想僵化。

吝啬鬼不会有帮助人、引导人的乐趣，他宁可杀死自己的情感，也绝不会伸出手来帮助别人。

吝啬鬼从没体会过亲情、友情、爱情，葛朗台眼中的金子，已占有他全部情感，夏洛克已成为金钱的奴隶，他们还会有真正的感情吗？

吝啬是一种病，是一种个人道德腐败的慢性病，这种病严重了会损坏人的身体机能，影响人的健康，一个人一旦患此病达到"吝啬鬼'的程度，就等于把自己的感情心灵判了死刑，剩下一个无心无情的躯体，行走在人世上，他的无动于衷，他的麻木不仁，已成为一副枷锁套在自己的手脚上。失去了欢乐的自由、失去了合作的自由、失去了互助的自由、失去了人世上一切享受幸福的自由。古今中外无数伟人、英雄、富豪，他们的成功源于热情，源于执著，源于互助，源于同情……却独独与吝啬无关。

没什么别没手

俗话说，三百六十行，行行出状元。很多时候，不是你没能力，而是缺少机会。赵大宝就是因为自己有一双善于鼓掌的手而创造了美好人生。

赵大宝从小家里就穷，吃了上顿没下顿。他上学成绩也不好，考试从没有及格过。初中毕业后回家务农，他没什么技术，庄稼也种不好，他爹很是气恼。

可机会来了，谁都挡不住。一次乡党委李书记来村里看望五保老人，随行的有电视台记者。书记给每个五保老人递上红包之后照例要对周围群众发表几句讲话，谁知村民们对此见多不怪，掌声稀稀拉拉。幸好赵大宝凑了过来，他傻呵呵地鼓掌，十分用力，十分响亮。这震惊了李书记。

不久，乡里来人急匆匆把赵大宝带走了，原来县长要来检查工作，李书记特意让赵大宝去鼓掌欢迎。效果可想而知，县长对该乡印象深刻，临走的时候表扬说："我走了这么多乡镇，就数你们这里的同志热情高，劲头足。"县长还特意拍了拍赵大宝的肩膀以示赏识。

就这样，赵大宝被招聘到乡政府做起了干部。他的主要工作就是参加各种各样的会议，只要领导讲话时稍一停顿，他就带头疯狂地鼓掌。自从有了赵大宝的参与，以前松松散散的会议变得生机勃勃，领导们的自信心也空前高涨。说来奇怪，人家开会鼓掌多了手痛，赵大宝却是越鼓越有劲，越鼓越想鼓，有时候接连几天不开会，他的手掌甚至麻酥酥的怪难受。

两年后，李书记调进县城做局长。每开一次会他都要郁闷好一阵，会场稀稀拉拉的掌声严重影响他的心情，从而也影响了他的工作状态。最后，忍无可忍的他决定不惜一切代价将赵大宝作为特殊人才引进。就这样，泥腿子赵大宝就成了堂堂正正的机关干部。他一到局里，整个局的会议风气立马得以改观，只要他那一双大巴掌响亮无比地带头拍起来，谁都不好意思不跟着卖劲地鼓掌。年终评议时，赵大宝以无可争议的优势被评为优秀。

更值得关注的是，赵大宝的鼓掌特长还得到了县委刘书记和县政府马县长的高度重视，每次召开重要会议，他们都指名要赵大宝坐前排。赵大宝自己也是知恩图报，每次都不辱使命，使劲将巴掌拍得响彻云霄，很好地带动了会场气氛，为一次次"胜利的、团结的"会议提供了最有力的保证。

几年间，随着大宝鼓掌的资历越来越老，他的职务也不断提升，李局长退休后他顺理成章地成了全县最年轻的局长。这样他就有机会为市级领导甚至省级领导提供高质量的掌声，自然，他获得的"劳模""代表""委员""先进"也越来越多。有时候他自己想起来都觉得好笑：他妈的，我模范个鸟哇，还不就是一天到晚鼓掌！

可世事难料，一次大宝从省里参加表彰大会回来，路上遭遇车祸。经过医生紧张的抢救，他终于从昏迷中醒了过来。正在大家松了一口气的时候，赵大宝发现自己的左手手掌居然被切除了，他顿时号啕大哭起来："我身上的哪个零件都可以动，就是不能动我的手。我宁愿缺鼻子少眼睛也不愿失去一个手掌啊！"

伤病痊愈，大宝仍然去开会，仍然拼命鼓掌，但他的掌声明显残缺低落了很多，别说引领会场，就连平均水平都达不到。看得出，他十分痛苦，对组织对领导有着莫大的愧疚。

两个月后，赵大宝落寞寡欢地打了内退报告。奇怪的是，一直对他赏识有加的领导居然没有挽留。

（魏剑美）

不容忽视的细节

　　载人航天飞行，是人类的大事。世界首位宇航员本来安排的是邦达连科，为什么最后他没有执行人类首次太空飞行的神圣使命呢？就是因为一个细节毁了他的前程。就在邦达连科即将升空的前一天，他在充满纯氧的船舱训练结束时，随手将擦拭传感器的酒精棉团扔到一块电极板上，船舱顿时引发大火，邦达连科被烧伤不治身亡。

　　于是，苏联方面召开紧急会议，重新研究上天人选。加加林原本是三号人选，"板凳"队员，基本上没有什么上天的希望，但为什么最后他成为了世界上第一个航天人呢？这也是因为一个细节，使他一飞冲天，永载史册。

　　有一次，主设计师克罗廖夫问谁愿意试坐，加加林报了名。在进入飞船前，加加林脱下了靴子，只穿袜子进入还没有舱门的座舱。这一举动赢得了克罗廖夫的好感。他发现这位27岁的青年如此珍爱他为之倾注的飞船事业，于是决定让加加林执行这次飞行。

一个随手乱丢棉团的细节，不仅丢掉了千载难逢的大好机遇，还丢掉了自己的宝贵生命；一个脱靴子进仓的细节，反而为自己赢来了"一步登天"的机遇。这就是细节的力量。

（张雨）

卷柏人生

　　在南美洲有一种奇特的植物——卷柏，说它奇特，是因为它会走。为什么植物会走呢？是因为生存的需要。卷柏的生存需要充足的水分，当水分不充足的时候，它就会自己把根从土壤里拔出来，让整个身体缩卷成一个圆球状，由于体轻，只要稍有一点儿风，它就会随风在地面上滚动。一旦滚到水分充足的地方，圆球就会迅速地打开，根重新钻到土壤里，暂时安居下来。当水分又一次不足，住得不称心如意时，它会继续游走寻找充足的水源。

　　难道卷柏不走就生存不了吗？为此，一位植物学家对卷柏做了这样一个实验：用挡板圈出一片空地，把一株游走的卷柏放入空地中水分最充足处。不久，卷柏便扎根生存下来。几天后，当这处空地水分减少的时候，卷柏便抽出根须，卷出身子准备换地方。可实验者并不理会准备游走的卷柏，并隔绝一切可能把它移走的条件。不久，实验者看到了一个可笑的现象——卷柏又重新扎根生存在了那里，而且在几次又将根拔出、几次又动不了的情况下，便再也不动了。实验还发现，此时卷柏的根已深深地扎入泥土，而且长势比任何一段时间都好，可能是它发现了扎根越深，水分就越充分……

有句话说得很好：改变自己永远比改变环境来得容易！要找到一份适合自己又喜欢的工作很不易，所以，不妨学学这棵卷柏是如何在逆境中生存的吧！

（王金全）

熟悉之惑

　　曾读到一篇美文，作者用极其抒情的笔触，描述了许多年前一次难忘的经历。在一次身在异乡而又身无分文的窘境中，作者连吃一碗面的钱都没有，这时一个看似冷漠却心地善良的中年人，掏给了他十元钱，然后悄然离开。从此，作者用极虔诚的心情珍藏着这份感动，至今不忘。

　　我也被感动了，但我转念又想：这十元钱要比百元、千元乃至万元更有价值，如果不是来自那个陌生人，而是来自于父母的给予，作者还会如此地感激涕零吗？我想情形会大不一样。

　　现在的生活中，爱心似已泛滥，泛滥成一个包容天地的汪洋。承受着这广阔无边的爱心，恰如泛舟于大海，有谁还会去为享受大海的承载之福而非要永忆大海的恩情呢？也许正是这得来全不费工夫的给予，无法像一个陌生人的十元馈赠与接济更让人刻骨铭心。

　　"熟悉"是具有惰性的。熟悉了一个人，就不再有去更进一步熟悉这个人的热情；熟悉了一处风景，这种风景里的另一种景致便会被忽略；熟悉了一种生活方式，也就降低了去改变和开拓新生活的动力。熟悉让我们兴奋，同时又让我们无奈、慨叹。生活中的许多鲜活的因素，就这样在我们自以为熟悉中视而不见了。

对人生而言，我们固然需要在许多陌生的地方去发现未曾发现的东西，但能在习以为常、司空见惯的生活和感情中去发现另一番美丽，也不失为另一双慧眼。否则，生活里的许多风景、许多真情，将会在我们的熟视无睹中被渐渐遗漏、淡忘……

（张新宏）

别将翅膀遗失在来路上

　　单位搞基建，大兴土木。也不知道工头在哪里找了那么多孩子来，大约十七八岁的样子，高矮胖瘦，各种姿态都有。

　　本来这样的年纪正该在学校里读书，可是，他们却早早地扔掉了课本。显而易见，这个时代，已经没有穷得上不起学的孩子了，更多的辍学少年是自己厌倦了学校的严格和课本的枯燥。

　　他们好像一群暂时囚禁在笼子中的鸟儿，用尽各种手段说服父母放弃望子成龙的梦想，等父母一松懈，他们便扑棱棱一头扎到社会中。染黄色的头发，穿起肥大的袋袋裤，穿梭在通宵网吧中，心里满是逃脱牢笼的喜悦。但是，总归要生活的吧。

　　于是，用不了多久，父母就会将他们领到一个个已经见过了世面的叔叔大爷面前，拜托人家带孩子出去闯荡一下。这样的时候，那些少年还是欢欣鼓舞的，因为，对于生活在农村的孩子来说，外面的世界就是电视剧中的世界。高楼、夜店、酒吧、美女，要什么有什么。

　　但是，当他们坐着沉闷的火车跋涉千里真的来到五光十色的城市时，巨大的落差好像悬崖，不容置疑地就出现在面前。

城市果然如电视剧描写的那般美好，残酷的是，他们不是主角，而且，永远不可能成为要风得风要雨得雨的主角。

他们痛苦过吧，或者也绝望过。但是，总归要面对现实。于是，一个个嚣张桀骜的少年，忽然成了沉默的石头。他们跟在前辈的后面，走进城里人的家，打零工装修；或者穿梭在写字楼，送水送饭。用小小的幼稚身体在生活中磨炼，直到长成一个皮糙肉厚的沉默汉子。

我不知道这些奔波的孩子是不是想过，只需拿出现在的五分之一的力气，他们就可以在学校里获得优异的成绩。而彼时的优异就是生活的筹码，用来交换美好的未来。

可惜的是，更多的孩子意识不到知识的力量，所以，短暂的苦闷过后，他们顺从了命运，笑嘻嘻地忙碌起来。而这种刻意放弃思想的混沌，更让人忧伤。

单位的装修马上就要告一段落时，我们搬进了整饬一新的办公室。那天，我正在手提电脑上浏览网页，两个十几岁的孩子畏手畏脚地挪了进来，其中一个指着窗子说：玻璃现在要清洗一下。

我赶紧让开，那两个少年熟练地跳上高高的窗台，上下擦拭。中间有人喊我过去交代case，等再回来，一个少年还挂在窗子上忙碌，而另一个正好奇兴奋地动我的笔记本电脑。

看到我回来，他慌里慌张地放下鼠标，怯怯地笑。我安抚地冲他笑笑，真想告诉他，其实，如果他能够好好学习，完全也可以有我这样的生活。

但是，那样的话终究没有说出口。语言太过苍白，有些道理必须要在艰难的生活中沙里淘金。

这两个孩子之所以让我有那么大的触动，是因为我突然在他们身上看到了二十几年前一个同窗的影子。

那时，我在一所乡村中学上学。学校环境很不好，饭菜里带着沙子，宿舍里常年有老鼠出没，老师们也很严格，女生不能留长发，男生不能染头发。一时间怨声载道，辍学之风蔓延得很厉害。

我当时属于书呆子型，常被同桌取笑：两耳不闻窗外事，一心只读圣贤书。同桌的父亲是村长，家境优裕，同桌天天做梦到社会上去淘金。村长老子不同意他辍学，最后他竟然闹到离家出走的地步，这一狠招使出不久，他的老子也就妥协了。

之后，我和同桌的人生开始走向不同轨迹。陆陆续续听说了他的不少故事，但一直没有见过。高中毕业那年，我拿到大学通知书回来的路上，遇到他用一辆摩托车载着一个女孩儿风驰电掣地驶过。他已经完全变成了一个潮人，而我，还像一棵青涩的庄稼。

之后又是多年不见。上班五年之后，中学同学聚会，我再次见到了同桌。现在的他，已经是标准的中年男人了。黑胖的脸大肚腩，笑起来沸反盈天，和他的村长老子简直脱了一个形。他其实混得不错，在镇上开了一家电器商店，老婆孩子一大堆，蛮幸福的。可是，看到我，他好像羡慕得不得了，一再追着我拉家常，话里话外都是如何能让儿子将来上个好大学。

从头到尾，同桌没有半个悔字，但是，我知道他确实是后悔了。

有人说，人生就是一个圆，从起点到终点，怎样都是一生。可是，真的怎样都是一生吗？当我们轻易放弃一个梦想时，你是否想过，暂时放弃的不只是眼前的生活，它更昭示着你放弃了自己的未来。

小小尘世，大多数人都是虫豸一样的草根，没有显赫背景，没有不劳而获的命运，所以，要想获得更好的未来，必须从年少就开始发愤图强。而上天对每个人都是公平的，当我们呱呱坠地时，双手紧握着两种改变命运的武器：一种是先天的智慧，一种是后天的知识。

刚开始的时候，这两种武器会隐身黑暗之中，只有当你想要腾飞时，它才会变成硕大的翅膀。可惜的是，太多的人，到了需要腾飞时，才蓦然发现，自己早已将翅膀遗失在来路之上。

（焦糖布丁）

习惯有你

　　每年的夏天，妈妈都会把亲手缝的被子放在阳光下晒，然后一下下叠好，放进我的衣橱里。所以，我从不会因为换季而操心，因为妈妈自会为我料理。可是，我的这种习惯常惹来母亲的担心：等我不能动了，你可怎么办啊？我便笑着说，那可不行啊，习惯有你了，你必须得跟着我呀！其实，被子我是完全可以自己换的。之所以这么做，是因为在不让她做的那段日子里，她总是感觉自己被女儿"抛弃"了，所以情绪很低落。于是，我趁机懒了下来，让母亲回归"操劳"，而她，便可以安享着我的这份习惯，幸福着，喜欢着。

　　好友丁，下岗职工，为了生计，狠心贷款开了一个超市。聘请的服务员个个都是她精心挑选的。要求之苛刻，使得当地同行都感到不可思议。半年之后，有人辞职，她说：如果你找到了更好的工作，你可以走，我祝福你！但如果没有，你可以回来，因为，我习惯有你！如此"习惯"令这名服务员感动不已。最终，这名服务员不仅没有走，而且比以前工作更卖力了。

　　原来，在她严格要求的背后，是把权力最大化地给了他们，信任他们、理解他们、爱护他们，习惯他们成为自己的一部分，也在习惯中让他们把她当做了生活中不可缺少的那个人。

习惯有你，竟可以这样饱饱地看着人间岁月，载着一窗的欢喜，充盈而来。就像喜欢一个人，是不需要张扬的，可以在面前，也可以在角落，无须半遮半掩，只是静静地看着、听着，渐渐地习惯那个人的存在。也许，只有风知道，只有云知道。慢慢地，这种习惯，便穿了光阴，越了时空，沁入心田。

外公九十高龄，有点像个孩子，时时闹着小脾气，却从不招惹我们。但有一个前提，就是要有外婆的气息环绕着他。他会抬手，去摸外婆的手，摸到了，他便安静着；没有摸到，他便要下床，四处寻找。因为他习惯了外婆的存在，外婆让他安心。而外婆，也习惯了坐在外公的身边，摸索着干自己的活计，一只娃娃鞋、一块绣花布……偶尔，拍拍外公的后背……两个安静的老人，长久、绵延、默默。

他们哪里谈过恋爱？一切只是自然地将那个人放到心里，渐渐成为彼此的习惯，成为一种朴素的没有华丽色彩的平淡，抵挡了落花流水的光年。

亲人也好，爱情也罢，甚至是为之奋斗的事业，就是因为爱，因为付出，才在这一路的习惯里，与时光融合，与最爱融合，把最美好的、最贴心的、最有意义的，融为你的一部分。人生，才会如盛大的烟花，灿然绽放。

（古煜）

关好身后的那道门

姜羽在一家电器公司做销售。因为有一股拼劲，且对销售工作很热衷，所以业绩一直不错。美中不足的是，姜羽刚到这家公司，对公司的人事关系不了解，尤其和部门主管的关系不好。

其实这也不能全怪姜羽，公司虽然规模不大，却是三个老板一起创办的，且其中的一些员工又分别是三个老板的亲戚，因此公司里的人际关系特别复杂。而姜羽的部门主管就是公司一个老板的亲戚，也正是因为这一点，这个部门主管才会如此飞扬跋扈。

一天，因为部门主管的随意干涉，姜羽联系好久的一个大客户泡汤了，姜羽一怒之下和主管吵了起来。由于部门主管抢先给老板打了小报告，再加上他的亲戚关系，因此最后的结果是部门主管口头警告，而姜羽则是记大过处分。姜羽一怒之下递交了辞职书。

但姜羽并没有一走了之，而是在一天后，交给老板四份文件。这四份文件是姜羽对自己工作的交接，第一份是关于自己本月内需要结算的各种业务上的经济往来；第二份是关于目前已经建立良好合作的单位名称，上面有每个负责人的地址和电话，甚至包括了各个老板的喜好；第三份是目前正在争取的客户名单，资料中列举了这些单位负责人的籍贯和简历；第四份是对于还没有开展业务的地区的攻关计划以及经费预算等。姜羽把这四份文件交给了老板，然后离开了公司。可是让姜羽没有想到的是，就在他准备找新工作的时候，却突然接到原公司老板的电话，请他回去谈谈。姜羽回到了公司，没有想到，三个老板都在会议室里等他，且把公司的所有部门主管都叫到了会议室。

老板当着所有人的面向姜羽道歉，希望姜羽能重新回到公司工作。所有的部门主管都一脸疑惑地看着老板，老板打开了投影仪，把姜羽的四份文件展示出来，然后郑重宣布免去姜羽原来所在部门的主管的职位，由姜羽任主管一职。老板说："大家看看这四份文件，不要说你们做不到，就是我们也做不到。更可贵的是，在他受到了不公正的待遇后，却依然为公司着想，列出了这四份文件。这样的人才如果流失了，那是我们的损失。虽然原来的主管是我的亲戚，可是我还没糊涂到为徇私情而不顾公司的利益。正是因为这一次不公平待遇，我们才认识到了公司真正的千里马。"

其实姜羽能够受到老板的赏识并且升职，并非偶然，而是在于他积极地为工作付出。更可贵的是，当自己受到了不公平的待遇后，他并没有直接甩手走人，而是做好善后工作，优雅地关上了身后的那道门。

关好身后的那道门，既表现在你求职时，更表现在你离职时。

（郭龙）

通过外表和动作看穿本性

避开视线是讨厌的信号

美国芝加哥大学的心理学教授埃克哈特曾做过一项实验。实验时，他随机给男女参与者看一些照片，然后观察他们瞳孔的变化。比如，女性看到怀抱孩子的母亲的照片时，瞳孔平均扩大了25％；而男性看到女性的裸照时，瞳孔平均扩大了20％。实验结果还表明，人类瞳孔的大小不仅会随周围环境的明暗发生变化，还受到目标关心和感兴趣程度的影响。

就像通常所说的"眼睛比嘴巴会说话"一样，人的心理活动全都显露在眼睛中。如果仔细观察瞳孔的变化，可以得知对方的心理状态。对方看上去心不在焉地听，可他黑眼珠深处的瞳孔却在渐渐扩大，由此可以断定他满不在乎的神情下掩饰的是对该话题的强烈关注。

除了瞳孔的变化，从对方的视线中也可以获取很多信息。比如，一个人正口若悬河，而听话者却总是回避视线上的交流。此时，可以理解为听话者已经厌烦了这个话题，或者对说话人并不感冒。发现说话者目光游离时也可以做同样的理解。这个时候比较妥当的做法是就结束此对话或者转换话题。

发短信时多使用表情符号的人谨小慎微

发短信时，你会使用表情符号吗？我想女性基本都会回答"Yes"。

那么，男性的情况呢？我觉得使用情况与年龄有关，但是经常使用表情符号的人大概不会很多。从女性那里收到含有表情符号的短信后，回复时会加入表情符号的男性应该不在少数。这是男性一种有趣的心理。

有的年长上司爱用流行语和年轻人对话，还常常讲笑话，以此博得周围人一笑，他们总是故意让自己显得很有趣。不过，这类人有一个共同点——谨小慎微。对自己考虑的事或想说的话都不自信，总是试图在迎合他人的过程中获得认可。

男性回复短信时使用表情符号的心理和这个不是很像吗？对方给自己的短信里有表情符号，自己要是都用汉字不就被认为是很无趣的人吗？于是，便选择顺着对方的方式。据此分析，这类男性很在乎对方的反应，或者说使用表情符号的男性谨小慎微。

左边的脸会说真话

您知道脸的左右两边也是有区别的吗？当然，因为左右两边都长着眼睛和耳朵，脸不像大脑左右两部分会有不同的分工。不过，它们之间还是有一定区别的：左半边脸更容易表露出感情，表情更加丰富。

当您直呼"啊？真的吗？"而惊叹不已时，对着镜子仔细观察一下自己左右两边的脸。或者，您可以用相机拍下自己的笑脸或生气时的表情，然后将相片导入电脑中，剪切成左右两部分。紧接着，分别将左脸和右脸的照片放在一起，比较之后就一目了然了。无论是高兴还是生气，左脸都可以准确地传达。相比之下，右脸显露不出任何表情。

所以，当您观察对方的眼睛后却无法得知对方在想什么时，请把注意力集中到他的左脸。人的眼睛都是从左到右移动，所以最初视线很容易落在对方的右脸上。那么，要反其道而行之，注视他的左脸，说不定，就能从左脸的表情变化中发现对方内心活动的蛛丝马迹。

观察手的动作可以识破谎言

出乎我们的意料，手部动作是最能泄露"心机"的。比如，对对方抱有戒备心时，不知不觉双手就会交叉放在胸前。这个动作会让我们觉得不会放松警惕，不至于让对方看透我们的心思。相反，摊开双手侃侃而谈时，则显出放松的状态。

内心藏有秘密而感觉心虚时，手部动作会非常不自然。比如，用手捂着嘴和下巴，用手摸摸耳朵和脖子抑或揉揉眼睛和鼻子，明明没有出汗却用手擦拭额头……这些都是不自然的表现。有的女性为了掩饰心虚，还会把头发向上拢。此外，把手插在兜里以及不停拨弄桌上的物品，这些小细节也不容忽视。

以上这些都是为了避免内心想法在脸上显露出来而不知不觉做出的动作。不论是谁在撒谎，都试图不露出蛛丝马迹让人生疑。所以，一般最先会注意到面部表情，而且，为了不让他人发觉自己内心的慌张，就要极力掩饰。可是，只要撒谎，人的内心就会紧张。因此，即使面部表情很自然，在其他动作上也会有所暴露。

腿部动作泄露内心的秘密

会议中或会面时，有人会不停地晃动双腿，将双腿交叉或者完全伸展。究其原因，可能是因事情没有按照自己预想的发展而失望，或者还有别的会面而希望尽快结束。于是，受到心理活动的影响，人下意识地会动下双腿。极端的例子便是不停地抖动双腿。很多人是习惯使然，而一般没有此习惯的人如果开始抖动双腿，可能是出于沮丧。因此，如果是在会议中，可以给他发言的机会，让他得以宣泄。

世界著名动物学家和人类行为学家德斯蒙德·莫里斯认为，人类动作按其可信度从高到低依次为：自律神经信号、下肢信号、身体（肢体）信号、无法识别的手部动作、可被识别的手部动作、表情以及话语。最能流露内心想法的是神经自律信号，表现为流汗或心跳加速等。下肢（腿部）的动作位列第二。由此看来，我们要留心发现腿部动作泄露出的秘密。

从打招呼的视线和握手的方式发现敌对心理

假如和一个从未共事过的人分到同一个小组，你一定很关心对方对你的态度。对方是否友善，可以从他的态度感觉出来。见面打招呼过后，如果他面带微笑和你轻松交谈，那就无须担心。可是，如果他几乎沉默不语，而且还经常故意盯着你看，那就要特别注意了。这很可能说明他有很强的竞争心理，甚至对你怀有敌对情绪。

一般情况下，被人盯着看，不论是谁感觉都不会舒服（和我们关系亲密的人除外）。我们本能地会想："他想干吗?"而从对方的角度看，他想让我们感到不安，借此使自己处于优势地位，就好像他在发表挑战宣言："我绝对不会输给你!"

另外，从握手的方式也能感觉到对方的态度。握手后立即松开表露出的是漠不关心的态度，而一直紧紧握着则反映出"一起努力吧"的想法。不过，如果握手时用力过大甚至让对方感到疼痛的话，就另当别论了。同样，握手时一直盯着对方，也是向对方施压的表现，似乎在说："怕了吧!"

初次见面就有身体接触的人过于自信

不论什么场合，总有人会习惯性地触碰对方的身体。你周围有这样的上司或同事吗？你要外出办事时，他会拍拍你的后背说："加油！"你加班到很晚，他会说些鼓励的话，还不忘拍拍你的肩膀。每次报告工作成果完毕，他都会和你握手。那么，到底是什么心理导致了这些行为呢？

一般来说，人会根据对象的不同来调整自己的位置。和不喜欢的人说话，总会保持一定距离；和亲近的、喜欢的人说话，则会特意靠得很近。而且，人会下意识地目测这个距离。据此分析，上司或资深同事拍自己的后背或肩膀是一种亲近的表现，甚至是信任的体现。因此，即使你为此感到很郁闷，也只能接受，最多心里感叹："怎么又来了……"

有人则不管对方是谁，都会触碰对方身体。即使两人是初次见面，也一贯如此。我们将这样的人归为"自信类"。一般情况下，人都会觉得和自己不熟的人有身体接触会让人生厌，因而不会做出类似举动。然而，这类人根本不会有这样的想法，他们反倒觉得：我拍你的肩膀，你肯定很高兴吧。在潜意识里，他们认为自己很了不起。

（刘隽玮　编译）

霸道的种子别在心中种下

　　有这样一个孩子，由于父母和祖辈的娇生惯养，自小就养成了唯我独尊、飞扬跋扈的性格。

　　上了幼儿园以后，他霸道蛮横的性格依然未改，加上他是一个小胖子，身材敦实，力气大，这更使他欺负起同学来有恃无恐。一言不和，就大打出手。时间不长，与他一个班的小朋友的家长都纷纷要求把自己的孩子调到其他班里。幼儿园老师多次批评他，他就泼皮耍赖，更令老师头痛的是，他的家长"护短"，嘴上答应好好管教，实际上领回家中，只是轻描淡写地说他几句，根本就起不到任何效果。好在他虽然小错不断，但大错不犯，渐渐地其他孩子也都不和他一起玩，在老师严格地监督下，他好歹顺利上完了幼儿园。

　　上了小学以后，禀性难移的他自然成了学校里的一霸，在和校园里几个有名的调皮孩子打了几架都取得胜利后，他成了名副其实的小霸王，并且有了几个追随者。他们在校园里耀武扬威，同学们见了都避之唯恐不及。看到其他同学都让着他、哄着他、供着他，他很得意，感觉自己在学校里算是一个大人物。上了中学以后，他仍旧霸气十足，稍不如他的意，就和别人打架。在中学里，身材强壮的同学如雨后春笋纷纷冒了出来，虽然他比较健壮，但有的同学显然比他更加高大威猛。强势惯了的他，难以接受这样的现实，打不过人家，他就去搬救兵，把自己的几个表哥叫上，在放学路上拦截教训对方，为自己出气。他的这一招非常有效，渐渐地在中学里，也没有人敢再惹他。

由于在学校里，他尽想着如何称王称霸，所以学习成绩自然可想而知。没有考上大学的他，很快踏入了社会，霸道的性格依旧如影相随，但这一回，他连番遭遇了挫折和打击。因为他自私蛮横的行为，很快遭到了周围人的厌恶，在和别人打了几架后，大家群起而攻之，他成了过街老鼠。只要他敢欺负弱小者，大家一起教训他。更为可怕的后果是，他遭到了大家的孤立，没有一个人愿意和他交往。一向强势的他，难以接受这样的结果，心理失衡的他每天躲在家中不愿意出来，时间久了，他的精神出了问题，没有办法，家人只能把他送到精神病院治疗。他的父母追悔莫及，每天以泪洗面……

这是一个真实的事例，故事中的主人公是我过去邻居家的孩子。现在的孩子多是独生子女，据我所知，在幼儿园、小学以及中学，这样的"小霸王"并不少见，有的家长甚至认为这样的孩子在校园里不吃亏，为培养出这种霸气十足的孩子而自豪。其实，当"霸道"的种子在孩子幼小的心田里生根发芽时，如果不及时铲除，这棵恶苗将越长越大，并最终会结出人人喊打的"恶果"。

（刘清山）

您请坐吧

　　下午2点多钟，一天中最热的时候。空调公交车缓缓进站，上来一位五十来岁的男人，头上戴着安全帽，脚穿一双沾满泥浆的雨靴，整个后背都被汗水湿透了，一看就是在工地上干活的民工。车厢里乘客不多，很多座位都空着。他四周看看，迟疑了一下，然后，轻轻地坐在了公交车内的台阶上，台阶太窄，他只能侧身勉强坐下。而就在他的身后，有三个舒适的座位，是空的。

　　这个情景，被一个拍客随手拍了下来，照片在网上被疯狂转发，并引起了持续的热议。看了心酸、想哭、难过，令人感动、钦佩、尊重……这是几乎所有的网民在看到这张图片，或者说是这样一幅场景之后，所发出的内心深处的声音。说实话，网民的态度，让人欣慰和感动，这说明普世的价值观念并没有错位。人同此心，这很重要。

　　但也有人发出疑问：如果这位农民工大哥，一身汗水和泥浆地走上公交车，然后，一屁股坐在干净的座位上，情形会怎样？

　　这是个有点残酷的设想，但不可否认，在现实生活中，我们常常会遇到类似的一幕——

他坐了下来。左边的妇女，扭头看看他，下意识地将身子往边上挪了挪，并将自己的衣角往身上拢了拢，以离他远一些，再远一些。

他坐了下来。右边的年轻人，皱了皱眉头，腾地站了起来，摇摇头，走开了。他身上的汗馊味太重了，重到你呼吸一口，都会反胃。

他坐了下来。后面的摩登女，厌恶地拧着眉，用一只手捂着鼻子，一只手作扇状，呼哧呼哧地扇着，不满的情绪很明确地在空气中震荡。

他坐了下来。对面的一位中年乘客，憋了半天，终于忍不住站了起来，用手指着他说，你身上这么脏，你坐过之后，后面的乘客还能坐吗？

于是，他努力蜷缩着，以使自己小一点，不要触碰到别人；他夹紧胳膊，以使胳肢窝里的汗臭不要飘散出来；他低下头，以避开众人的眼神。如果不是太累了，他宁愿走路；即使坐了公交车，他宁愿站着。可是，他太累了，他想自己也买了票，也可以坐着的，可为什么这个座位坐得就那么气不壮啊？他如坐针毡，于是，身子慢慢地往下滑，往下滑，直到从座位上完全滑下，屁股最后落到了台阶上……

后来，他一上车，就自觉地找了个台阶坐下，安静得像只受伤的猫。这时候，人们才发现，他真自觉，他真善良，他真淳朴，让人看了心酸、想哭、难过，令人感动、钦佩、尊重……

可是，自始至终，似乎并没有人关心他，坐下，这本来就是他的权利。如果你觉得他真的与你平等，那么，他就不该被歧视，也不该被特别在意。

在所有的跟帖中，我最喜欢这样一句话："您请坐吧。"平静，安详。以您认为合适的和舒适的姿势，坦然坐下，就像在您自己家中一样，就像坐在这个车上的所有其他人一样，那是你的权利。

（孙道荣）

帮人帮好

有这样一则笑话：邮局大厅里，一位老太太走到一个中年人跟前，客气地说："先生，请帮我在明信片上写上地址好吗?"

"当然可以。"中年人按老人的要求做了。

"谢谢!"老太太又说，"再帮我写上一小段话，好吗?"

"好吧。"中年人照老太太的话写好后，微笑着问道，"还有什么要帮忙的吗?"

"嗯，还有一件小事，"老太太看着明信片说："麻烦帮我在下面再加一句，'字迹潦草，敬请原谅'!"

看到这里，想必都该笑了。为何笑呢？是因为这个老太太的做法有点过分，超出了常理。长期以来，我们形成了一种共识，那就是，在帮者和被帮者、施者和受者之间，由于认为帮者是在付出，做好事，被帮者似乎理应毕恭毕敬，全盘照收。可这个老太太不同，人家帮她，她却没有因此而降低自己的要求；当帮者没有帮好时，她也并非一味礼貌，而是幽默地说出了心里的不满：嫌帮她的人字迹潦草，不够美观。

　　笑过之后，细心一想，老太太的要求虽然有点苛刻，却又何尝不是可爱地道出了"被帮者"的诉求："被帮者"在受人帮助的时候，其实也并非完全被动和没有要求的权利。

　　爱美之心人皆有之，老太太希望她的明信片能够工整一些，给收信人一份惊喜和愉悦。按理说这个忙不难帮，只需认真一些，就能满足老人的愿望。然而帮者却忽视了，挥手而就，却让老人留下了遗憾。

　　单位里就有一位大姐，性格开朗，古道热肠。由于她是女工委员，但凡遇见单身青年她就张罗着要给人家介绍对象，认为是她的使命。一开始，由于她的热情，大家都不好意思拒绝她，她也就愈来劲，怎么见面怎么约会买什么礼物她都要过问，结果呢，一对都没成，同事们对她的看法也是越来越多。她呢，逢人就叫屈，抱怨现在的年轻人不懂事，自己鞍前马后的，结果是出力不讨好。

　　这就提醒我们，当我们做好事帮助别人的时候，不能单从自己的愿望出发，而应站在对方的角度，多设身处地考虑一下对方的需求，如此才能有的放矢，避免瞎帮忙和帮倒忙的尴尬。

　　如此说来，帮人应该是一种平等的行为，不应看成一种施舍，更不应该成为一种自以为是的"压迫"。

　　在我们帮人的时候，应该先弄明白人家起码的欲求。对于喜欢玫瑰的人来说，你送他玫瑰，自然是皆大欢喜。然而，如果对方偏偏喜欢的是野菊花或油菜花，你执意送他玫瑰，这手上的香气又何在呢？

帮人就是这个道理，帮人无贵贱，帮人帮到心上才是好！

（羊白）

别掀开发酵的面纱

那时家里蒸馒头的时候，我喜欢立在一边看，看母亲小心地把软软的生面团放入笼屉。灶边热气氤氲着，我一直想象不出它是怎么变成暄腾腾白胖胖的馒头的，于是就踮了脚尖想掀开笼盖。母亲忙拉住我的手："馒头很怕羞的，若被人看到她是如何长胖的，她就生气了，蒸不熟了。"

"那怎么办呢？"我问。"你要唱歌给她听，她听了欢喜了，才肯变白变胖……"于是，我就听话地守着灶台，咿呀呀地唱。在一缕缕泛着麦香的云雾中，等着馒头欢喜起来。时间够了，看着母亲小心地掀开笼盖，用指尖点了清水，一个个拿出来，果然像是白胖胖安稳知足的胖姑娘。

想想那时真是天真，母亲大概是怕热气熏着我的手，才这样哄我。不过后来听说，这是有些道理的，馒头在蒸汽刚上来的时候，若掀开蒸笼看，就会变成死面饼，再也蒸不熟了。

馒头是会生气的，而一些爱生气的人其实也和馒头一样。你我都遇见过这样的人，生气了，别人怎么劝都无济于事，阴着脸，阴着心情，死面坯一样，如何熏染生活的种种美好与欢欣都不行。换句话说，蒸不熟了。

朋友的一位朋友，白领人士，英俊帅气，衣履光鲜，出入高档的写字楼，脸上是明朗的笑容。可是他租住着每月300元的小平房，冬天生煤球炉子，弄几个闹钟夜里把自己闹醒好多回。有朋友执意去了他的住处后，让他好一阵子黯然，树立的自信几近坍塌。尽管几年后他步入成功人士的行列，但他仍耿耿于心难以释怀。认识他的人都说他变得孤僻了，近乎冷傲。连他自己都想不通，曾经怎样的苦难都忍了，却忍不得外人的一丝窥探。一个人所坚守的最底线的虚荣，是绝不能被人知道的。他不愿让人听到他在深夜的叹息，也不愿让人看到他生存的窘迫，是的，不愿。

人的心底总有些不愿示人的东西，特别是在处境非常困难的时候。金庸书里练绝世武功的人都要在深山洞里静心操练，若被人惊扰散了元气，就会功力难成，甚至走火入魔。这道理不难理解。古代的女子都要晓妆弄眉后才能示人，能坦于人前的，都是精心修饰过的。人不会在脸上挂出"请勿打扰"的牌子，但心里会。

一个女子，与男友相恋三年，步入婚姻一载，便死活地要分开。两年后终于分了，一人离群独居。没听过她哭诉，约吃饭不出，请游玩不去。朋友说起她来都是焦虑无比。还是有人聪明，说，有些事终要一个人面对。不要去打扰，给她一个山洞舔伤吧。

再见到她，果然，心思清明，双眸明亮。仿佛武林高手得了秘籍，修炼得道，境界确实不一般。

其实一个人的成长，是个自我发酵自我升华的过程。如植物发酵、凤凰涅槃、母体分娩，人在这个时候最是痛苦无形，失意、低落，甚至痛苦，都要靠内心升腾而起的力量去调理和修复。外界任何关注和窥探，都会触及伤口，从而刺破内心的虚弱，就像练武功的人被破了命门，积聚的元气刹那间消散。所以，对人，不要去窥探，哪怕是好意的探询。留空间给他们，留尊严给他们，便是我们对他们最好的尊重和关心。

（田双伶）

无法挽救

菜场里有一对专卖南瓜的夫妻，老到随和，隔三差五我要买上一截儿。南瓜又大又长，必须切着卖。月牙儿似的薄刀，咔嚓一声下去，金黄内瓤、瓜子饱满的南瓜就大秀诱惑。初冬的凛凛风寒，已经抽吸掉南瓜的水分，无论煮粥抑或干蒸，都是甜腻绵软的口福。

一天再到他们摊上，发现炮筒南瓜旁边，躺着一堆小瓜头，不单单小，还不完整，这里割掉一块，那里剜去一角，呲牙咧嘴的。"怎么啦，万圣节被摧残？"我戏谑。他们笑着解释，说瓜烂了，东剜西割的，所以剩下些残缺部位。果然，摊子下面的箩筐里，扔着几坨生了白毛的烂瓜。

"一块钱一个小瓜头，味道不差，便宜，买吧。"他们劝我。

是啊，抛开俊模样，南瓜头一点不差哪儿。我挑了一个，喜滋滋，由于占了便宜。

第一天，朋友来做客，不能招待掉渣的南瓜头。第二天，取出南瓜一看，已经白霜斑驳，烂了。急颠颠跑到摊子上，又买了一块南瓜头，反正一块钱，将节省进行到底。回到家，不知赶上什么活动，反正没有来得及烹制，一搁就是两日。等惠顾之时，发现又惨不忍睹。

不对呀，平时买的南瓜置在窗台上，十天半个月，依旧好端端的，怎么这个这么不抗搁啊？认真去问母亲才知道，烂南瓜搁不得，虽然霉烂的地方剜掉了，霉烂的菌头依旧在，哪怕只烂一个小洞，全瓜也处于感染状态，弱不禁风。

呆呆地闷想，有些瓜果亦然，一旦腐烂，全瓜难保；有些事情亦然，一旦失误，全盘皆输；有些人亦然，一旦伸手，前程皆毁。

（栖云）

不可能的事情永远不存在

大学毕业后，我被一家杂志社聘为秘书，所以我有了一份稳定的收入，而且在曼哈顿区有一间公寓，这对来自长岛小城的我来说简直就是天堂。

六个月以后，我过着《欲望都市》里女主角那样的生活，虽然我不曾拥有主角凯莉那么丰富多彩的故事，但我经济独立，可以买自己喜欢的衣服，为一双钟爱的鞋在第五大道刷自己的卡，也可以和几个大学同学找一家餐馆无所顾忌地狂吃海喝，当然，也有过几任男朋友，不过都不是我喜欢的类型，我不急，我的白马王子总会出现，我清楚地知道自己的书写有多差。有一次给老板做完速记后，我都认不出自己那乱七八糟的东西了。一位热心的同事指出这点，不过不是我无法改正，这和努力无关，写不出漂亮的字儿就像先天残疾一样没办法。

我的工作是通知一些公司把广告用四色印刷放在杂志上，只不过区区10000美元的广告费。我一不留神，把字母"d"写成了"S"，这样，一位大公司老总在我们邀请信上被写成："把他的屁股（ass）

用四色印刷"后放到封面上。

结果我被解雇了，但运气随即出现了。杂志社里的一个编辑疯狂地寻找一个广告文案。我在收拾自己的东西前，灰头土脸地走进那个编辑的大门。她大声问："琼，你能把你的字写好一些吗？"我回答："应该能吧。"我底气不足，但觉得最好还是不要离开这个能发给我薪水的地方。一个广告文案就这样诞生了，而且这份工作好像比秘书更适合我。这件事让我相信：不可能的事情永远不存在。

当这本杂志停刊的时候，我参加的一个末流的百老汇剧团也失去了很多观众。我已经远离了《欲望都市》里的那种生活，但我还得生活。我不想给别人做总是出错的秘书，也不想做不入流的演员，可我还能做什么呢？

一天，收听了两个小时的广播电台的节目后，我把所有的人都雷倒了，我得到了那份主持工作，我说过不可能的事情永远不存在。而我则发现最合适我的工作就是在电台里和别人谈话。我又重新过上了《欲望都市》里的那种生活。

有一天，一位身形高大、令人生畏的节目主任正式上任，和这位女上司一同上班的还有一条同样高大、令人生畏的德国牧羊犬。我喜欢自己的工作，但不喜欢那条大狗，也许因此上司觉得我不喜欢她。有一天她把我叫到办公室，简单地说："你可以收拾自己的东西走人了。"这让我不知所措。

六个月后，我把纽约城所有的广播电台都询问了一遍，让我感觉全世界都不需要人。但我没有放弃，最终进入一家刚刚筹建的电台。这个电台一共三个人，一位父亲和他的两个孩子，看起来这里需要我。我所做的是讲四分钟的故事，每集15美元。我不在乎报酬和工作环境，我说过不可能的事情永远不存在。后来，我等到了机会，在一家大电台做一个谈话节目，采访的都是明星、学者和政要，有超过100万听众。

再往后，我赶上了金融风暴，我又失业了。我已经不再在乎能不能过上《欲望都市》里的那种生活，我知道自己的生活目标，所以我很有底气。我不是在金融危机里第一个失去工作的，但我一定会是第一个走出失业阴影的人。

（因此　编译）

忍让是一种美德

　　人与人之间本来就存在着不同的利益和矛盾，相互之间有时难免产生一些误解和分歧。如果处理不当就会酿成纠纷、冲突和伤害；如果处理得当便能相安无事，息事宁人，重修旧好，以致化干戈为玉帛。其中的关键在于当事人双方要学会必要的忍让。俗话说："忍得一时之气，免得百日之忧。"这句话是很有哲理的，不失为经验之谈。但也有人觉得忍让吃亏、受气、丢面子，是懦弱的表现。因此一旦发生矛盾，互不相让，甚至对一点儿鸡毛蒜皮的小事，也非要争个你高我低不可。因此常常由争吵到辱骂，以致拳脚相加、刀兵相见。其结果必然是两败俱伤，后悔莫及。忍让其实是一种智慧、一种修养、一种风度、一种美德。

　　首先，忍让是理智的表现。当双方发生矛盾和冲突时，特别是当个人的人身权利和经济利益受到不法侵害时，有理智的人会保持清醒的头脑，对自己有所克制，耐心地讲道理，进行说服和规劝，及时化解矛盾，即使对方仍然蛮不讲理，我行我素，他也不会恶语相加，更不会轻易地采取过激行为，不会"以眼还眼，以牙还牙"，以非法手段对付不法行为，而是理智地忍让并依照法律程序解决涉法问题。反之，如果感情用事，以错对错，就会走向反面，由有理变成无理，就会亏了再亏，甚至受到法律的制裁。

其次，忍让是大度的表现。人的一生之中，会遇到许多不愉快的、难堪的事情，有时甚至会感到很气愤、很窝火，会觉得怒火中烧。此时此刻也最能体现出一个人的修养、气质和风度。因此历史上那些在关键时刻能够以大局为重，忍让、制怒，以柔克刚的人向来为人们所称道。战国时期廉颇与蔺相如的将相和，西汉名将韩信忍"胯下之辱"，一直被世人传为佳话。真算得上"将军额上可跑马，宰相肚里能撑船"。这确实是一种长者风度、大将风度，而气量狭小的人是难以做到的。小不忍则乱大谋。有句成语叫"忍辱负重"，连一点儿委屈都受不了，岂能担当历史重任。寸步不让，冤家路窄；让人一步，海阔天空。难怪宋代文学家苏轼在《留侯论》一文中，对那些气量狭小、受不得委屈、不会忍让的人，毫不留情地予以抨击："匹夫见辱，拔剑而起，挺身而斗，此不足为勇也。"而对西汉谋臣张良"圯上受书"一事，却大加颂扬："今天下有大勇者，猝然临之而不惊，无故加之而不怒。"我们难道不能从上述两者的鲜明对比中，领略一下忍让的风采吗？

再次，忍让也是一种高尚的品质。为人处事，只能进不能退，只能得不能失，吃不得半点亏，受不得半点气的想法，不仅是不切实际的，也是十分有害的。有的时候，为了集体利益、社会利益、他人利益，个人做一点让步，受一些损失，付出一点代价，也是非常必要的。忍让实质上是一个人的思想修养、道德品质的表现。人与人之间相处、交往，应该互相尊重，互相谅解，互相帮助，而决不能强人所难，以邻为壑，勾心斗角，否则会一损俱损、两败俱伤。更何况金钱、名利、地位都是身外之物，生不能带来，死不能带走。人生短暂，不必计较太多。"何事纷争一角墙，让他几尺也无妨，长城万里今犹在，不见当年秦始皇。"这是明代林翰《诫子弟》中的诗句。古人尚且能做到这一点，而充分享有现代文明的今人，是否能从中悟出点什么？

（解放军　李邦云）

处世须"三防"

著名作家王蒙说他有"三枚闲章，其中之一便是"不设防"。王蒙说他的"不设防"，其核心"一是光明坦荡，二是不怕暴露自己的弱点"。因此，无需提防别人。

我这里说的"三防"，则是另一层含义，即自我警觉、自我提防。

防"失控"

一位正在热恋中的女孩，偶尔发现男友的抽屉里藏着一厚叠另一个女孩写给他的情书——男友瞒着他又与另一个女孩谈情说爱，而且从情书的内容来看，他已与那个女孩准备购买家具、登记结婚了。

这真是晴天霹雳！她怎么也无法接受这个残酷的事实，于是当天深夜，她独自漫步到黄浦江边，把年轻的生命交给了汹涌的江水……

失恋，使她失去了自我控制的能力。

一位山区青年，祖祖辈辈过着一贫如洗的生活。当改革开放的春风吹进这个偏僻的山村时，他承包了数十亩荒山。披星戴月、含辛茹苦，他翻遍了山地，种上了一大片桔树。

苍天不负苦心人，他的血汗没有白流。桔树结果了，一筐又一筐的桔子，运送出去，换来了大把大把的百元大钞。

有了钱怎么办？他开始寻找刺激——赌博。

有一次他赌输了，按预先约定的规矩，必须罚喝白酒。于是，他在哥儿们的吆喝声中，硬挺着脖子连喝了四大碗白酒，他顿时人事不知，在抬往医院抢救的路上心脏停止了跳动。

成功，使他失去了自控的能力。

人是有感情的动物，人因此而高贵；但也因此而脆弱——一旦理智的闸门关不住感情的潮水，就会"失控"。失败时容易失控，成功也容易失控。

因此，每当失败或成功之际，能否有效地控制自己情绪的稳定，这常是做人成败的关键。

防"异化"

一位年轻的大学毕业生，满怀着对事业的执著追求和对未来生活的美好憧憬，踏上了工作岗位。可是，他所在的单位，领导不力，人心涣散，歪风盛行。这种浑浑噩噩的氛围如水一样弥漫开来，包围了他。于是，一天天、一月月、一年年，耳濡目染，潜移默化，勇气消失了，锐气减弱了，目标放弃了，事业冷落了……一句话，那一片如水的氛围终于吞噬了他——他不再是原来的他，而是一个被"异化"为随波逐流的庸碌之辈了。

一位美丽聪慧的小姐应聘为一家大宾馆的公关部经理。开始她十分警觉，告诫自己不要受周围环境的污染。可是，大宾馆的豪华、大款们的挥霍以及总经理的频频诱惑，她终于沦落了——甘愿充当总经理的情人，听凭他摆布与玩弄。她也被异化了——被纸醉金迷的花花世界异化为一个可怜又可悲的女性了。

古往今来，杰出的人或许只这一点上与众不同：即使某种氛围如滔天洪水包围着他，他也能卓尔不凡地站立着，不被淹没、不被异化。

或许也正因为这一点，"出淤泥而不染"的莲才令人深深敬仰。

防"感染"

你的周围有人患了重感冒，稍不小心你也会跟着伤风咳嗽——你被病毒感染了，因为你的体质太差。

这种"被感染"的现象也常有所见。

例如，办公室里原本安安静静的，此时突然有人发起牢骚来了——他愤愤不平地骂交通阻塞、骂物价上涨、骂朋友背叛……骂得面红耳赤，骂得唾沫飞溅。

受了他的"感染"，办公室里有人也开始愤愤不平，也开始心潮起伏，甚至也开始跟着骂起来了。

又如，某人本来很安心自己的工作，可是周围几位同事却在想办法跳槽。于是，受了"感染"，他也坐不住了，也开始寻找"招聘启事"了。

诸如此类，因受了他人语言行为或情绪的感染，改变自己的语言、行为或情绪的例子，在如今的大都市里不胜枚举。

然而，由此必然导致人生的失败——因为他不能主宰自己的命运，只能像浮萍似的在别人的"感染"中漂来漂去。

一切得由自己判断、自己拿主意，你才是一位成功者。

（丁凯隆）

海棠花与海棠果

朋友买了两件黄花梨家具，兴奋得很，叫我去欣赏。他住在乡下，好大一个院子，栽了不少果木。记得春天去时满院树木开花，层层叠叠，粉红一片，我就很羡慕，所以下决心过几年退休后也住乡下，凡事不能让一人专美。

两件家具一般，算不上好也算不上坏，中庸之作。朋友依旧热情，沏茶倒水地招待我，茶几上满满一盘海棠，个头均匀，红里透黄，每个都带着长把，生动得像齐白石的画。我顿时来了食欲，问能吃吗，朋友说能吃，酸甜。

我挑了一颗放入嘴中，一嚼，立马定了格，酸得我睁不开左眼，因为左边嚼的，左脚心跟着也凉了，半天才缓上一口气，这东西怎么这么酸啊，可看着真是好看，羡煞人也。

这让我想起一件往事。我有一个朋友凡事逞强，连她的爱情都要比别人强，所以她常常秀给大家看。她每天说给大家听她那肉麻的爱情，灿烂如春天的海棠花，满树怒放；结婚后一有机会尽可能地在人前表现她的非凡爱情，如同海棠果一样个个饱满，油光锃亮。

有一次，二十多个人一同坐火车回北京，她竟然在车厢连接处偷偷打电话，指示她丈夫接她时一定要当众吻她，要让大家羡慕她伟大而油腻的爱情。

我见过作秀的，没见过这么作秀的，她的爱情生活就是海棠花及海棠果，中看而不能吃。俗语说，鞋小裤档短，谁难受谁知道，多好看的鞋子挤脚也是不能接受的，可她天天穿挤脚的鞋给别人看，直至离婚，很让朋友们为她感到凄凉。

（马未都）

道德空白　智慧添补不了

　　某个电视访谈节目的嘉宾是一位当今颇为知名的青年企业家。在节目渐近尾声时，按惯例，主持人提出了最后一个问题："你认为你事业成功的最关键因素是什么？"

　　沉思了片刻之后，这位青年企业家并没有直接回答，而是平静地叙述了一个故事：

　　12年前，有一个小伙子刚毕业就去了法国，开始了半工半读的留学生活。他发现当地公共交通系统的售票服务是自助式的，也就是说你想到哪个地方，根据目的地自行购买相应价格的车票即可，车站几乎都是开放式的，不设检票口，也没有检票员，甚至连随机性的抽查都非常少。

　　凭着自己的聪明劲儿，他精确地估算了这样一个概率：逃票被查到的概率大约仅为万分之三。他为自己的这个发现沾沾自喜。从此之后，他便经常逃票上车。

　　四年过去了，名牌大学的金字招牌和优秀的学业成绩让他充满自信，他开始频频进入巴黎一些跨国公司的大门，踌躇满志地推销自己。

但这些公司对他都先是热情有加，数日之后，却又都婉言相拒。一次次失败使他愤怒了，他认为一定是这些公司有种族歧视倾向，排斥中国人。最后一次，他冲进了某公司人力资源部经理的办公室，要求对方对不录用他给出一个合理的理由。

结局却是他始料不及的，双方的对话很值得玩味。

公司："先生，我们并不是歧视你，相反，我们很重视你。因为我们公司一直在开发中国市场，我们需要一些优秀的本土人才来协助我们完成这项工作，所以你刚来求职的时候我们对你的教育背景和学术水平很感兴趣。老实说，就工作能力而言，你就是我们要找的人。之所以没有录用你，是因为我们查了你的信用记录，发现你有三次乘公交车逃票被处罚的记录。"

青年："我不否认这个。但为了这点小事，你们就放弃一个多次在学报上发表过论文的人才？"

公司："小事？我们并不认为这是小事。我们注意到，你第一次逃票是在你来我们国家后的第一个星期，检查人员相信了你的解释，因为你说自己还不熟悉自助售票系统，检查人员只是给你补了票。但在这之后，你又有两次逃票。"

青年："那时刚好我口袋中没有零钱。"

公司："不，不，先生。我不同意你这种解释，你在怀疑我的智商。我相信在被查获前，你可能有数百次逃票的经历。"

青年："那也罪不至死吧？干吗那么认真？以后我改还不行吗？"

公司："不，不，先生，此事证明了两点：第一，你不尊重规则。不仅如此，你还善于发现规则中的漏洞并加以恶意利用。第二，你不值得信任。而我们公司的许多工作是必须依靠信任才能完成的，因为如果你负责某个地区的市场开发，公司将赋予你许多职权，为了节约成本，我们没有办法设置复杂的监督机构，正如我们的公共交通系统一样，所以我们没有办法雇用你。"

直到此时，他才如梦方醒，懊悔难当。

然而，真正让他产生一语惊心之感的却是对方最后说的一句话："道德常常能弥补智慧的缺陷，然而，智慧却永远填补不了道德的空白。"

（郭梓林）

皇冠的陨落

在香港的赛马圈子里，一直流传着这样一个故事。

有一匹出身不算高贵的赛马，却有着天赋异禀般的比赛能力，经过练马师系统科学的训练，这匹马更加才华出众。自从它进入香港赛马圈子以来，就开始包揽各项大赛的冠军，无论是泥地还是草地，无论短途赛还是中途赛，它为主人赢得了丰厚的奖金。更加神奇的是，自从这匹叫皇冠的赛马进入赌民们的视野后，从来没让守候在电视机前等着看它比赛下注的观众们失望过。

在收获鲜花和掌声的同时，有数不清的媒体想采访到它和它的主人，广告商们更是排着队拿着合同等皇冠的主人签下大名。于是，每天的应酬和拍照成了皇冠与主人生活中的主要内容。

不久后，一项全港最重量级的赛马大会在著名的跑马地举行，大赛打响前，在各大媒体的预测排行榜上，皇冠皆是头号种子，是人们心目中最大的夺冠热门。

更让人欣喜的是，经过一段时间的封闭训练后，主人对于赛前皇冠的状态也是信心百倍，似乎这场比赛就是走走过场，拿冠军仿佛是探囊取物般简单。

"砰"的一声，发令枪响起来，皇冠不负重望，第一个蹿了出去，就连最弱的起跑环节今天都表现的这么给力，后面的跨栏更不用提了。

但在跨完几道栏之后，主人突然发现，它的常胜将军皇冠今天总是不停地抬头低头，无缘无故地扭动脖子，甚至尾巴都在奔跑的过程中因为翘得太高而扫到了自己的大腿上。

结果是，这场比赛皇冠的成绩倒数第一！

一时间风雨满城，皇冠的主人和练马师被千夫所指。但事实上，赛后回到休息室的他们和外界一样迷惘不解，因为他们自己也不清楚爱马今天让人大跌眼镜的表现到底是怎么一回事。

为了找出原因，他们不得不一遍又一遍地观看比赛录像，在回放第八遍的过程中，皇冠的主人发现了这样一个细节：在比赛中，只要一有数码相机的闪光灯亮起，皇冠就不由自主地摆出一个动作来，或是扭动脖子，或是翘起尾巴，极力迎合着闪光灯的拍摄。

这就是皇冠输掉比赛的原因所在——大多的商业活动让它对闪光灯形成了条件反射，它把比赛场当成了广告拍摄棚！

（汪去）

偷来的巧是致命的拙

　　我给高三学生布置了一道材料作文题。材料的内容画的是一组漫画：一群人，每个人背着一个超过身高的硕大十字架在埋头赶路。他们走得好辛苦啊。在这些人当中，有一个人开始动脑筋了。他趁人不备，用锯子把十字架的末端锯下去了一截。嘿，明显轻松了许多。很快，他就走到队伍的前面去了。在某方面尝到了甜头的人，会一次次地萌生以同样方式追求甜头的心思。这个人也不例外。他再一次拿出锯子，把十字架的末端又锯去了一截。更加轻松了。他得意地哼起了小曲。突然，面前出现了一道深谷。背着十字架赶路的人们纷纷把长长的十字架搭在深谷的两边——彼时拖累人的十字架，此时化作了通向彼岸的桥梁。那么多人，轻松愉快地从自己的十字架上通过，如愿以偿地走到深谷那边去了。而那个取巧的人，却因为变短的十字架无法架在深谷两边，而永远被留在了深谷这边

　　与其说我给高三学生提供了一道材料作文题，不如说我给他们提供了一种人生镜鉴。终于废寝忘食地熬到了高三，背上十字架的分量陡然加重。百套卷、千道题、万种法——你可生出了偷巧的心？

锯子在身内，锯子在身外。锯子的利齿，随时乐意帮你锯掉沉重十字架的末端。但是，深谷不迁就短处，残缺的十字架，只能编织残缺的梦，因为它无法连接梦想的两岸。

何止高三？人生时时处处不都是如此吗？

"小聪明"不是"智慧"，但"小聪明"往往比"智慧"更容易博得当下的掌声。当一个个十字架被聪明的手一次次地锯断锯短，卸了重负的人在偷笑，愚钝的裁判员看不出这个冲在最前面的运动员原是作弊者，激动万分地宣布了一项新纪录的诞生。深谷没有出现在今天，深谷甚至也可能不会出现在明天。但是，深谷总是不动声色地横亘在我们必然经过的前方某处，等着在一个绕不开的时刻看我们的笑话。

饮鸩止渴、剜肉补疮、聪明反被聪明误，古人造出了这些词，预备给后人恰当地使用。而我们，果然就用上了，并且用得恰当到让人悲凉。是谁，天生一颗偷巧的心，锯短十字架成了欲望的本能动作。残缺的十字架，诅咒般地投影于你我他的生活——餐桌上有之、马路上有之、空气中有之……只有汇报材料的数据中没有，但这是一种更大的取巧。

什么时候我们才能彻底明了：捷径，其实是最远的路；偷来的巧，其实是致命的拙。

（张丽钧）

萝卜哥的道歉让谁脸红

　　萝卜哥本名韩洪刚，是河南郑州的一名菜农。2011年初冬，韩洪刚承包的60亩萝卜喜获丰收，但由于销路不好，这些萝卜只能卖到四五分钱一斤。而请人帮忙拔萝卜则要支付不低的劳务费用，这样算下来，韩洪刚根本赚不到什么钱。一般来说，菜农们如果遇到这种问题，通常会让蔬菜烂在地里以降低成本。可好心的韩洪刚却想：与其让水灵饱满的萝卜全都烂掉，不如免费送给市民们食用，这样既做了好事，又不会造成浪费。于是他来到了当地的报社，请求记者帮忙发布自己免费送萝卜的消息。

　　免费送萝卜的消息一经传出，人群就蜂拥而至。韩洪刚没有想到，他的萝卜这么抢手，几天之内，菜地里的萝卜几乎全部被抢光了，只剩下被碾压踩碎的萝卜。有一部分人甚至还顺手牵羊，摘走了韩洪刚旁边菜地里的红薯、菠菜和辣椒，加上胡乱踩踏，许多其他的蔬菜也相继遭殃，变得惨不忍睹。这让韩洪刚的菜地遭遇了一场前所未有的"浩劫"，给他造成了上万元的损失。加上先前种萝卜的投入，韩洪刚至少损失了六万余元。

有些市民因为来得晚，已经没有萝卜可以摘，于是就把满腔的怒气都发泄在了韩洪刚身上，怒斥他骗人，认为他送萝卜的举动根本就是在炒作。这让韩洪刚感到十分无奈。

2011年11月29日下午，韩洪刚在朋友的帮助下开通了微博，但他并没有通过微博来倾诉自己的委屈，或是抱怨前来抢萝卜的人，而是诚恳地表示："我平时不玩这个，主要是想在微博上，跟来过我这里的市民们说几句心里的话。"有人问韩洪刚，他所谓的"心里话"是指什么，他在微博上说的第一句话是跟人打招呼："你好，我是韩红刚。"第二句话是"我打字速度慢"，第三句是"请大家谅解"，第四句就是"免费萝卜的事，让我明白很多道理"。

有人问他明白了"什么道理"，韩红刚说："一是免费送萝卜的事，我没有组织好，没想到会来这么多人。二是我的方法不对，应该在路口设个牌子，告诉大家萝卜叶子放哪里，不能挑着去拔。三是没有限制，有辆车一下子拉走一万多斤。还有人没有拉到萝卜，白费了他们的汽油。我心里很难受，觉得对不起没有拿到萝卜的人。"

韩洪刚朴实的话语感动了很多人，于是网友们自发当起了萝卜哥的促销员，号召人们购买萝卜哥的红薯和花生，还组织起了"团购红薯"的活动，几位好心的市民甚至联系报社，要将自己的门面免费借给萝卜哥使用，帮助他售卖红薯。还有热心的朋友捐钱给萝卜哥交地租。

几天之内，萝卜哥的红薯就售出了十几万斤，其他的农产品也吸引来了不少买主。但萝卜哥委婉拒绝了好心人的捐款，他告诉大家，自己虽然损失了一些钱，但是依然过得下去，能得到人们的厚待，自己感到十分欣慰。

大家从萝卜哥质朴的言行里，看到了这位不善言辞的农民人性里光辉的一面：狼藉当前，这位普通农民，没有抱怨自己的损失，也没有痛斥他人的不道德，而是进行了深刻的自我反省，从而得出了自己组织失误的结论，他还表示自己日后要多学习，才能避免再犯错。来自萝卜哥的道歉让许多人感慨，也让当初抢萝卜的人汗颜。许多人表示，一定要尽自己所能帮善良的萝卜哥一把，决不能让好人吃亏。

(张琦)

诚信试验

　　一位经济学家找10个人做"诚信试验"。方法是：在不同的商店买10次东西，每次买东西都付两次钱，看有几个拒绝二次付款。试验的结果是在不同的商店花20元钱买了10次商品，竟无一拒绝本不该收取的重复付款。她有意找了个熟人试一下。开饮料店的，是她高中时的一位女同学，当着其孩子的面，她花两元钱买了瓶矿泉水。几分钟后，她二次进店说"刚才忘了付钱"时，老同学竟说："算我送你喝吧。"她掏出两元钱递过去，老同学便伸手来接。关键时刻，女店主五岁的儿子说："妈妈，阿姨不是给过钱了吗？那张钱还在你手里呢。"场面很尴尬。10次试验中，只遇到一个讲诚信的孩子。然而，作为"第一任老师"的母亲这样不讲诚信的行为，无疑会给孩子原本纯洁的心灵上留下阴影。也就是说，大人的一个不良举动，会给孩子造成不可低估的负面影响。这是被无数事实所证明了的。

　　试验选择的都是做小生意的商人，虽有一定的偶然性和片面性，但个中却暴露出了诚信缺失、道德滑坡问题。

（彭玉萍）

向善的心

《王烈传》中有这么一则故事：王烈富有修养，在当地是德才典范，很受人们敬仰、

有一天，王烈家乡有个偷牛贼被牛主人抓住了。偷牛贼苦苦哀求道："我看见你家的牛就心生邪念，一时糊涂偷了它。请你原谅我的龌龊之举；我对天发誓，一定要痛改前非，重新光明磊落做人。我恳请你千万别把这件事告诉了王烈。"

后来，有人把偷牛贼的事告诉了王烈，没有想到，王烈得知此事，特地从家里拿出布匹前去赠予偷牛贼；人们大为不解，认为王烈这是荒唐之举。带着疑惑，有人问王烈："这个人可是偷牛贼啊，伤风败俗之举。他偷牛后怕你知道，你反而送布匹给他，这是为什么呢？"

王烈笑着解释道："春秋时的秦穆公，有人偷他的马杀吃了；后来，偷马人被揭发，被送到秦穆公面前。只见偷马人嚎啕大哭，声泪俱下承认自己的错误，秦穆公不但没有责骂他，反而笑容满面将他拉起来，赏赐他三杯美酒给他压惊。后来，在一次敌众我寡的战

争中，秦穆公深陷敌军包围圈内。就在危急关头，偷马贼只身杀入包围圈，他舍命相救，才让秦穆公虎口脱险。现在，这个偷牛贼改悔他的错，怕我知道，他已经懂得羞耻，那么他也有了一颗向善的心。我赠予他布匹就是劝勉他的向善！"

不出所料，后来那位偷牛贼洗心革面，不声不响做着大量的好事和善事。偷牛贼死后，人们为了缅怀他的恩德，在他的墓碑上刻下一行字：懂得羞耻，是向善的心。

（张振旭）

其实可以不生气

现实生活中，我们常常发现，不少人，稍微遇到一点不顺心的事就会难以控制情绪，最常见的表现就是发脾气。其实，有些生气是不必要的，甚至是不应该的。因为很多引起生气的事实，根本就不等同于真相。

比如，一位初中班主任发现班上有个叫小兴的男孩，经常逃课去网吧，他已多次向他提出了警告和批评。某天下午的班会课上，这位班主任又发现小兴歪在椅背上，神情委靡，心想他中午肯定又去网吧了。正在整顿纪律的班主任顿时火冒三丈，走上去就把小兴狠狠地训了一顿。末了还余怒未消，撵他到教室门口罚站，才算了事。放学后，班长向班主任报告，中午有名同学腹泻不止，是热心的小兴送这名同学去医院，耽误了午休。老师一听，大呼后悔。

再看另一个故事。11点40分，妈妈把菜已经煮好了，该下面条了。根据以往的经验，面条煮得差不多时，放学的儿子就会推门回来。可是，现在已经12点15分了，儿子还没有回来。直到12点半，他才进了家门。

　　"面条都成了糨糊，叫人怎么吃？"儿子勉强夹了一筷子，瞅了一眼，连吃都没吃，就放下了筷子。"一碗面都做不好，我不吃了！"说完，儿子摔门进了书房。

　　望着儿子离去的身影，妈妈留下了委屈的泪水。其实，这位妈妈为了给他做饭，下班后就急忙赶回家。甚至为了省时间，到家后连拖鞋都没有换。面条煮好后，这位妈妈没有顾得上自己吃，而是不停地为儿子的面条搅拌。所以，真正成了"糨糊"的，不是儿子的那碗，而是妈妈碗里的面条。可结果是，由于误会了妈妈，生气的儿子不仅没有吃那碗盛着爱的面条，反而是摔门而去。由此可见，其实有时，眼睛看到的，并不一定是事情的全部。就像他，只看到了面条的粘连，却不曾知道，母亲为了他的面条所付出的辛苦。

　　这让我联想起了另外一个故事。当年孔子带着众弟子周游列国不受待见，困在陈国和蔡国之间，连着好几天无米下锅，穷苦不堪。好不容易找到一些米，孔子却在饭快熟的时候，瞥见颜回用手抓甑里的饭吃。孔圣人非常不高兴，不过他还是压住火气，只是在吃饭时故意说："刚才祖先托梦，让我把最干净的饭食送给他们。"颜回忙说："不可，刚才有灰尘掉进甑里，我把沾上灰的饭抓起来吃了。"孔子这才明白了事情的原委，暗自庆幸没有责怪颜回，同时大发感慨：有时眼睛看到的也未必可信，了解一个人确实不容易啊！

　　的确如此。从生理的角度来说，生气是人主观上的一种情绪宣泄。人冲动起来，有时难免会戴上有色眼镜，先入为主地匆忙臆断，错误地把气撒在无辜的人身上。甚至有时候，明明"眼见为实"了，还有可能做出错误的判断。

退一步说，即使生的气是正确的，但生气也是不明智的。因为生气不管对错，都是一把伤人伤己的"双刃剑"。生气不仅对事情于事无补，而且还会损害自己的健康。所以，当遇到某些让人觉得愤怒的事情时，应先给情绪降降温，摸清事情的真相。然后，再寻找解决问题的最佳方法，尽量扼杀负面情绪，尽量做到让怒火平息，做到心平气和。这样，生气的杀伤力就会大大降低，我们的生活也就会更健康、更和谐、更快乐！

（章睿齐）

垃圾里面出黄金

　　私营企业克兰造纸公司是定点生产美元的印钞厂。他们生产的美元印制精美，票面光洁质地坚硬，受潮后不变形。但让人意想不到的是，印制这种纸质的材料并非是高级木料，而是生活中的碎布等垃圾。

　　1979年，克兰公司面临原材料供应不足的窘态，公司经理非常焦急。一天，公司经理接到开服装厂朋友的电话，除了相互通报各自经营情况外，对方大倒苦水，说他们公司的下脚料和碎布等垃圾一时处理不掉，占着大面积场地。

　　说者无心，听者有意。克兰经理想，如果以碎布垃圾作为造纸原材料，这样货源充足，成本低廉，利用空间很大。

　　于是，克兰公司大做文章。他将布料拿到实验室，结合已掌握的造纸技术，将原造纸原材料加入碎步按不同比例反复实验。

　　功夫不负有心人，克兰公司用生活垃圾造出的纸原料面世了。由于纸质优良，最终在美国财政部招标印钞纸中一举夺魁，独家获得供应美元印纸的权利。

在随后的20年中，克兰公司稳稳地将美元用纸合同揣进口袋里。正因如此，美国诞生了"垃圾里面出黄金"的谚语！

成功有时很简单，有心的人能将垃圾的价值放大，从而可以改变命运，成就辉煌！

（张振旭）

别拿幸福赌明天

　　马飞出生在北京，有一个幸福的家庭，父母都是教师，从小在无微不至的关怀下过着小康生活。由于母亲是音乐教师，马飞从小就弹得一手好钢琴。不仅如此，马飞学习成绩也很优秀。18岁那年，他以优异的成绩考入了北京的一所大学，毕业后，马飞更是自强自立，放弃了父母安排的工作，自己找了一份销售工作。马飞工作十分卖力，每天不停地在外跑业务，半年他骑坏了三辆自行车。随后买了台摩托车，一年多的时间马飞骑了四万多公里。通过两年多的努力，马飞从一个刚毕业的大学生变成公司的顶尖销售员。

　　之后，马飞果断地下海创业。初入商海，马飞的创业以失败告终。但是，马飞并未因此而丧失信心。2005年，马飞加入北京一家大型的互联网公司做销售。因为销售经验丰富，马飞很快晋升为公司销售主管。之后，他在公司认识了一个漂亮的女孩，热恋了。双方父母都很赞成他们的交往，就等着他们定婚期了。

　　就在订婚前，一个朋友带着马飞去赌博。第一次，马飞赢了三万多元。钱来得如此之容易，深深地吸引了马飞。一个月下来马飞竟赢了四十多万。马飞拿着赢来的四十万走进4S店，买了他平生的第一辆车。

然而，马飞在赌场的运气却戛然而止，接下来就是一场噩梦。由于痴迷赌博，马飞一天不赌就十分烦闷。之后，马飞更是辞去了工作，成了一个全职赌徒。不久，马飞不仅把之前赢的钱全部吐了回去，还把所有的积蓄输光了，车也输掉了。一心想翻本的马飞，苦于手里没钱，竟然把准备结婚的房子拿去抵押，最后，连抵押房子的钱都输个精光。

此刻本该回头的马飞，因为害怕女友和家人知道此事，竟还妄想通过赌博把钱捞回来。为了筹措经费，马飞找到了高利贷，贷了20万元。因急于赢钱赎回房子，马飞玩得特别大，20万元几天就输得干干净净。而马飞根本无力偿还高利贷。俗话说，纸包不住火，很快所有的人都知道马飞赌博的事，女朋友也因此事与马飞分手了，而高利贷很快追上了门，母亲因马飞的事心脏病发作。

马飞因赌博而输掉了一切。为了躲避高利贷债主的逼债，万般无奈之下马飞逃离了北京，只身一人到了南方的某座城市。在异乡，马飞没有朋友和亲人，电话本里几乎空无一人。由于害怕连累父母，马飞五年多都不敢与家人联系。在背井离乡的日子里，马飞过着地狱般的生活，但即使是这样的窘况，他也没有戒掉赌瘾，有时从赌友那赢了点儿钱，就去好一点儿的旅店睡。没钱的时候，就想尽各种办法骗钱。实在没钱了，就和乞丐一起挤在肮脏的地下通道里过夜。赌博，让马飞的身体和精神遭受重创。几年下来，马飞从一个英俊挺拔的小伙，变成了一个邋遢不堪的混混。

马飞说母亲给他起名字的时候是希望他一马当先、一飞冲天，没想到自己堕落成现在这样子。他知道自己彻底伤透了父母的心。他说："我是一个彻彻底底的浑蛋、彻彻底底的废人。"

本该拥有令人羡慕的幸福生活的马飞，由于赌博而变成一个没有尊严、没有积蓄、没有房子、没有车子、没有妻儿的人。我想如果马飞浪子回头，真正戒赌，通往回家的路一定不会就此为他关闭。而他之前输光的幸福，也可以慢慢去累积。只是，这样的一个悲剧，本可以避免，发展至今，实在令人惋惜。

（邹峰）

怎样才能当机立断

你希望自己做出最佳决定吗？

人在生活中随时随处都要做出决定，有的决定很容易做出，比如要吃顿什么快餐，而有的决定就要难些，比如要在哪个地方定居，或者是和谁结婚。

你做出的选择决定着你将会得到的结果。所以，提高你当机立断的能力，哪怕只是一点点，也确实会对你的生活质量产生深远的影响。

那么怎样做出一个最好的选择呢？所谓的决定就是选择，你有多于一条的路可走，那么你就只能选择一条最好的路。一个错误的选择可能会引发灾难，有时甚至会造成无法挽回的损失。然而机会之窗常常是打开之后很快就会关上，所以你不但要能仔细权衡所做决定的分量，还要快速及时才行。

下面是在做出决定前你要问自己的六个问题，它们能够帮你做出正确的选择：

1. 这个选择能体现我的价值吗？

无论一个选择看起来如何诱人，假如它和你认为正确的事情背道而驰，那么你就应该将其从列表中划掉。不要迷恋着去做那些你在明天注定会后悔的事情，而勉强接受那些至多只是符合道德、法律的要求，或者只是一般性正确的事情也是个坏主意，因为按那些标准做可能会使你得不偿失。你永远应该以能否实现自我价值的标准来评估每一次选择，那样你就可以避免很多遗憾，并且有助于你做出聪明的选择。

2. 这个选择最坏的结果会是怎样？

在做出一次不同寻常的选择时，知道可能的最坏结果是什么会帮你及时地评估出潜在的危险系数。如果你的选择风险太大，那可能就应该将其放弃。而且，事先想好了最坏的结果能帮你做出相应的准备，这样，即使糟糕的事情真的在以后按你所预料的发生了，你也能够最大限度地减少其带来的损失。

3. 长期和短期的优势是什么？

在做出一种选择时，你应该同时以长期和短期这两种眼光来评估它的积极效果。有些选择可能在短期内对你存在一些小的不利之处，但这可以忽略不计，只要它在长远的未来能发挥出更大的积极作用，其实这也许就是你想要的选择。不要仅仅因为一条路简单易行就选择它，短视的决定很可能会让你在将来的路上跌个大跟头，成功属于那些为了将来的大回报而不惧眼前辛苦工作的人。

4. 这个选择真与我的目标一致吗？

哪种选择和你的整体目标最为接近？越接近越好。这只是做出决定时要考虑的因素之一，但却是很重要的一点。你肯定不希望错过对于你最重要的目标，所以在做出任何重要决定之前，你就要先在脑子里明确这个问题。什么对你来说最重要？要确保你做出的决定直接针对你的这个目标。

5. 这个选择付出的是什么代价？

通常来讲，当你在众里挑一地做出某种选择时，都属于一种替代行为。换句话说，你放弃了一件事，从而得到了另一件。这个选择会让你付出什么代价？它也许会让你付出时间、金钱或者是让你因此而失去另一次机会。你要仔细想好了这些，因为有时做出一个选择会彻底关闭另一扇机会的大门。把所有这些得与失都摆到桌面上来考虑，这会有助于衡量出选择的轻重，从而做出明智的决定。

6. 以前尝试过这样的选择吗？

回头看一看过去获得的结果，这通常会对未来将会发生什么是一个很好的参照物。你需要研究一下，看看此种选择在过去曾经对你或者是他人有过怎样的影响。不要就一时一事来做出结论，要确保从真正可靠的途径获取最有价值、最切实的信息来作参考。如果你或者别人在以前做出过这样的选择，但结果失败了，那么你就要想想，现在你能做得比以前好吗？问一下自己这个问题确实能够帮助你做出最佳的选择。

好的决定能帮你改进生活

如果你能切合实际地回答上面几个问题，那么你就能够更有效地权衡摆在你面前的各种选择了。这将会指导你做出一个更好的决定，而更好的决定无疑能够改进你的生活。然而你要记住，没有一个人是完美的，我们不可能百分之百准确地预见未来的情况。所以，如果你偶尔出了次失误，用不着太苛责自己，关键是能从中吸取教训，以便下次能做得更好。

（孙开元　译）

如何才能睡个安稳觉

　　如今失眠的人越来越多，身边就有很多。比如朋友 L，老公上班，业余开了饭店，全交给别人不放心，她帮忙照看着。而她自己爱画画，约稿一堆，画吧，没时间，不画吧，怕一放手，再难提起笔，整天纠结在生意与爱好的两难间患得患失，夜夜噩梦缠身，不是怕会计卷款走人，就是下笔不成画。

　　比如朋友 Y，女儿的吃穿用度全是名牌。给了女儿最好的，她又担忧，在她百年之后，女儿消费水平会不会随之降低，若女儿自己没有能力满足，就会痛苦，就算嫁个有钱人都不行，婚姻也不是金饭碗。因此，必须从现在培养女儿的综合能力。于是，给女儿报了钢琴班、英语班、舞蹈班、作文班……女儿的各项成绩稍有回落，她便吃不下、睡不着。

　　再比如我自己，最近突然发现老了很多，拼命地用穿衣打扮来拽住青春的尾巴，在买了一件心仪的大衣后，晚上躺在床上就开始琢磨配条什么裤子好看？在找到符合的裤子后，又想着，脚上的鞋是否不搭？要不要再买个新包包、换个新发型……如此循环下去，很久没睡过一个好觉。

那天，刚下班，我又照例冲出单位上街买衣服，当时正值下班高峰，又是出租车白夜班交接车的时候，车非常难打，二十分钟后，才等到一辆空车。因为堵车，路上就跟司机聊着家常。他说自己正要回家，因为是顺路，所以捎上我。我问他，这时候生意这么好，就收工了，为啥不请个司机开夜班？他笑了，钱是永远挣不完的，以前请过，但车在外面跑，总睡不安稳，现在好了，少挣点，可以睡个安稳觉。

我忽然找到了我们失眠的原因。

（王碧君）

网品背后是人品

在现实生活里，人们喜欢把酒品、棋品、文品等同于人品。在虚幻的网络世界里，网品又何尝不是人品在网络中的延续和体现呢？

如今，网络交往成为人际交往中重要的一部分，虚拟已挤占了越来越多的现实生活，所以虚拟空间里的修身将成为"人品修为"的重要组成部分。但网络毕竟是一个虚拟世界，由于只是个ID抛头露面，个性在这里可以得到最大限度的张扬，难免有人便肆无忌惮、胡作非为，也正因此网上更能看出一个人的真实人品。

网品就是人品，虽然我们没见过网络对面的那个人，但那个人的本质会通过文字、态度、作风真实地显露出来，那是伪装不了的。你的教养、道德，你的尖酸刻薄，你的宽容、善良等等，都会通过你在网上的一举一动、一言一行展露在公众面前。虚拟世界里的不负责任、性格倒错、粗鲁莽撞、背信弃义、狂妄自私等等恶习，能够培养出现实世界中的完整、高尚的人格吗？

有的人频繁地找你聊天，一上来就先问你：你是"同志"吗？你对同性恋有何看法？两三句话还没说完，就要求开视频，甚至急不可待地发来不良图片。有人一接触就要求做红颜蓝颜知己。过于急切了就不够持重，会让人反感。就算是做了好友，也不要过分纠缠，君子之交淡如水。网品是人品的缩影，一个人的网品如何，从他在网上的人际关系、他空间里的内容、他对访客的态度、他的交友圈等，都能看出来。

一个新来的同事谈到他喜欢在论坛上写文章，于是我便进了那个论坛。进去一看，我大吃一惊，他与网友对骂，语言尖酸刻薄，得理不饶人，不堪入目，像一个泼妇，更像一个小人。我不得不重新审视此人，后来的事实还真是如此，工作中他慢慢地暴露了真面目。我不得不远离了他。

中国有句古语："字如其人，文如其人。"的确，从一个人所写的文字中，可以看出一个人的性格、思想、生活态度和价值观念。实践证明，人品支配网品，网品折射人品。现在，了解一个人的途径很多：博客、QQ交流、空间、微博等，只要进入他的博客，读读他写的小感想、小心情，就可以大致了解其性格脾气。在BBS里，千万别以为穿个马甲就可以厚颜无耻。

网上论坛的特点之一就是匿名制，这样可以最大限度地保障网友的自由权利。但是我们必须珍惜这个匿名制，千万不要把匿名当成信口开河、恶意诽谤的保护伞。否则如果有一天我们不得不被迫实名上网，那绝对是一种悲哀。

珍惜网品，其实也就是珍惜你的人品。为了缔造一个更加宽容、诚信、和谐的现实世界，我们必须在虚拟的网络世界共同修文、修身、修德、修行。网上交友，以诚相待；网上购物，以信为本；评论事物，实事求是、客观公正、与人为善；转载别人作品，应尊重别人的劳动并致谢意；对于别人的评论，要虚心反思并及时回复。

做人要有人品，上网要有网品。正所谓"眼前一笑皆知己，举座全无碍目人"。

（苗向东）

纸房子

纸房子有一尺见方，和它搭配的是一整套院落。有花墙、前庭和并不太高的门楼。这一切全依照老家的老式房子而建造。透过门窗，可以看到室内的一对沙发。人倘能拥有如此一套新居，生活一准十分快意。那时，人不必为生计四处奔波，而且，绝对安全。

房子是我和妻子、儿子共同叠制的。首先突发奇想的是儿子，他说他在学校学会制作不少纸叠玩具。此次妻子携他到P城来看我，是由于学校放了假。我给他准备了上好的纸料，想看他如何折出花样来。事实上，我最终没能看清他是如何折出一个烟囱来的。我们对折好的房子详加赞美一通之后，我提议再设置一道围墙，由儿子去完成两只看门的小狗，妻子则把叠好的七八只纸鹤放在屋顶和院中，以充当吉祥物。对于这样一件作品，它的漂亮是显而易见的，人并不准备在此引火做饭，但其温馨与和谐，必定是大家都能够感受到的，还有一件快乐的事情——在妻来P城居住的一段时间里，我们重新回到了过去一家欢聚的日子，儿子和我渐渐发胖，这对于过去一向瘦弱的我来说，确属一个奇迹。

　　不久，妻子便回去了，因为儿子要开学了。头天晚上，因为这座房子发生了争执。为把它带走，儿子确已忙活了好一阵子。但这是不可能的。"送给爸爸，好吗？"妻说。可是说服儿子并不是一件容易的事，后来他提出了一个连他本人都难受的意见，他说："等我下次再来，你一定要放好！"我没说什么，不能送给儿子任何实物，这本身已令我非常惭愧。这座房子对我有多大价值，我并不知道。妻子走后，我便立刻投入到紧张的工作中。我究竟有哪一刻不是在匆忙中度过的呢？我从来没在乎过那座房子。从我最初把它放在窗台上起，就一直未能变换地方。观看它需要时间，无疑，这一点我是难做到的；但有一点说来也许不可思议，就在房子发生塌陷——也许它在某一天遭到雨淋？反正是由于我不知道的一个原因，恰遇我心情最为低劣的时候。这个发现令人非常不爽。究其原因，应与那个烟囱直接相关。它是整座房子唯一的支撑，现在它坏了，我根本无法把它修复，因为能修好它的人并不在我身边。那是一段精神晦暗的日子。也就是在这时，我才决定回家一次，这事看来似乎不该如此小题大做，但此次回家对我来说仍是相当重要，我不但学会怎样修复那所房子，而且完全医好了我那颗孤独、寂寞的心。

　　应该说，我的儿子是颇具耐心的孩子，他教会我一整套建造房子的方法。回到P城，我很快就安置好了那只并不起眼的烟囱。这件事做来并不费难，而且整个过程充满情趣，我完全掌握了建造一座房子的技术，并且初步有了建造一所新房子的构想，这种构想与我当前事业的进展几乎同步发生。我忘却了一切烦恼。我并不知道这所房子与我本人究竟有多少关系，反正也就是从那次以后，心情再也没有失落过。面对这样一座温馨的小屋，我不再以为自己还在远方漂泊。

它让我想到远方的亲人。我似乎以为他们就在离我不远的地方，看到这所房子，我常会产生一种幻想。就像在某个天气晴朗的早晨，我们牵着小狗出门去，成千只云鹤在空中鸣唳，人隔远山彼此呼唤而又和声交谈。放眼四处皆美景，谁也不会忘记自己背后有个温暖的家。

一幢小小的纸房子，就给了我一个欢乐家庭的全部概念。

（郭卫桦）

嫉妒，可以休矣

在现实生活中，常有这样的事情，某甲在某件事上干得很漂亮，远远超过了某乙。于是某乙对此大动肝火，表面虽淡然处之，心里却酸溜溜的。于是其便造谣、中伤，企图以舆论的砝码压低别人、抬高自己。这是一种什么心态？明眼人一看便知：嫉妒。

何为"嫉妒"？翻开现代汉语词典，那上面说："对才能、名誉、地位或境遇比自己好的人心怀怨恨。"由此可见，嫉妒乃是人的心理现象，是人在特定的生活环境中一种外在的情感表现。嫉妒对某一群体一定范围内的人际关系，具有很大的腐蚀性，它的存在会使人从"自我"的小圈子出发，以一种非正常的、反理性的态度对待人生，其结果不是众叛亲离，就是把自己孤立于一定的社会关系之外，于己不利、于事业无益。如《水浒传》中的王伦之流。因此，我们应当群起而攻之，使嫉妒无藏身之地。

生活中有的人目光关注别人往往很多，而关注别人多了，关注自己的机会便会减少。别人干成了某件事，他不仅不赞许，还会评头品足，由此生发诸如"他算什么东西，竟干得比我好，我非得让他出出洋相不可"等龌龊可笑的想法。如将其付诸行动，便会引发由于嫉妒而导致的种种丑行。

对某种美好事物的态度大概有三种：一是效仿之；二是超越之；三是达不到对方的水准，便愤愤然，怨天尤人，顿生嫉妒之心，或咒骂世事不公，或闲生闷气，甚至欲斧钺相加，毁灭之，如此方消心头之恨……

对于"领先于我"者，对于"质优于我"者，持何态度，应采取何种"对策"？

如前所言，把重心放在关注自己的基点上，千方百计把自己要办的事情办好，以对方作"参照系"，不仅要达到对方的水准，且立志超越之，此乃正道。而自己不努力，却把目光紧紧盯在别人身上，喂养酸溜溜的嫉妒之心，不仅无助于自身的进步也损害了人类美好的情感，实不足取。而以什么样的襟怀看待强于我者，实则是一个人道德修养的本质体现，关系到他在人们的心目中的形象如何。

嫉妒，可以休矣！

（赤宇）

克制"冲动"的六个药方

最近，《今晚报》刊登了一则《两邻居打气赌气浇汽油"同归于尽"》的消息。写的是农民刘某的妻子因用气筒打气这一点儿小事，与邻居何某的妻子、女儿发生了争吵，之后何某认为自己的妻子、女儿吃了亏，便提出一桶汽油说："如果不给我道歉，我就浇汽油与你同归于尽。"刘某没有道歉，却和其理论起来，气头上的何某猛地拎起桶往刘某身上浇汽油，随即又往自己身上浇，之后抱住刘某并掏出了打火机，只听"嘭"地一声闷响，顿时两人都烧成了火人，结果都浇成了重伤，立即被送往医院抢救。

在现实生活中，像这种因为气头上"冲动"而造成祸端的事例并不少见。尤其是青年人，火头上脑瓜一热什么事都干得出来。据调查，监狱里有不少犯人是因"冲动"而犯罪的。下面是笔者从报纸上和生活中采集的几个真实的案例：

例一：青年毛某在玩台球时因为钱和老板发生争执，毛某骂了老板，老板朝脸给了他一拳。毛某见自己的鼻子被打出了血，就红了眼，不顾大家的阻拦，掏出水果刀就刺向老板的胸部，结果老板经抢救无效死亡，毛某也为此进了监狱。

例二：某市政法委副书记张某，在去某乡办事回来的路上正赶上堵车，情急之中与当时执行任务的武警刘某发生争执。张某一冲动，掏出手枪向刘某开了火，刘某被打成重伤。经终审，张某被判无期徒刑。

例三：邱某和陈某是一起做服装生意的同行，一次在酒桌上，两人比试喝酒，陈某见自己没占上风，就激邱某说："比喝酒没意思，比喝农药你敢吗？"邱某一听，毫不示弱，说："谁不敢谁是孙子。"邱某一冲动，买来一瓶农药。陈某说："你岁数大，你先喝，我跟着就喝。"邱某听了一饮而尽。本来陈某是想以此让对方服输，此时见邱某真将农药喝了下去，一下子就傻了，跪在地上求饶。就在吵闹声中，药性发作，邱某不治而亡，陈某也因此被判刑。

例四：22岁的梁某，因为邻居赵某开店占了他家几尺院墙而告到了法院，结果梁某胜诉。当赵某不执行判决时，他一气之下弄来了左轮手枪和尖刀，杀死了赵家老少四口。梁某最终被判处死刑。

以上事例中的冲动者，尽管他们冲动的原因各异，但有三点却是相同的：一是起因都不是什么大事；二是都落得了既害人又害己的可悲结局；三是事发之后，冲动者都追悔莫及。

一位名人曾说过："要像避免响尾蛇和地震一样避免冲动，否则，其后果是难以设想的。"那么，在感情受到强烈冲击的情况下，怎样做才能调节好自己的心理，有效地克制冲动呢？笔者从一些克制力较强的人那里寻找到了以下药方，不妨一试。

一、以"静"制"动"

在双方发生争执时，最好的方法是先控制自己的脾气，静下心来以温和的态度解决问题。

前不久，在某停车场就发生了这样一件事：个体户司机王强和另一车的女售票员朱某因争乘客争吵起来。在扭打中，朱某的衣服被撕破。朱某的丈夫李大兴闻讯赶来，一见妻子的衣服被撕破，不分青红皂白操起一根铁棍，边喊着"敢欺负到大爷头上来了，看来你是不想活了"，边要动手。这时，王强上前一步用手接住棍子，喊了一声："大哥，且慢！"并平心静气地说："你先听我说完是怎么回事，再打兄弟也不迟。"对方一听放下棍子："好，你说。"王强先点燃一支烟递给对方，然后说了事情的经过，最后抱歉地对朱某和李大兴说："我们交往多年，平时也处得不错，今天的事全怨我，不该为多拉几个人和嫂子争。嫂子的衣服是我不小心撕破的，我出钱，让嫂子再买件新的。咱要是闹起来，可谁都挣不了钱了，是吧，大哥？"李大兴见对方的态度平和，说得在理，也就没了火气，他也顺水推舟说："好，不能因为这点儿小事就伤了咱们的和气。今天的事儿就算过去了，衣服不用你赔，下次别跟我们对着干就行了。"结果一场风波平息了。

其实，谁也不愿意动"斧头"，关键是必须在火头上控制自己的

"脾气"，用息事宁人的态度和平静、诚恳的语调控制正处于激动状态的对方，以此来避免冲动。

二、主动认输

杨某和宋某两个小青年是武侠迷，近两年他们跟师傅刻苦练功，都大有长进，尤其是杨某，武功底儿较厚，技艺略胜宋某一筹。一天，他们在责任田里锄草，休息时宋某和乡亲们吹嘘自己通过练功脑袋有多么的硬。杨某很不服气，俩人发生争执。为了比到底谁的脑袋硬，恼怒之下宋某提议各自用锄把儿朝对方脑袋打三下，并拿出烟盒让杨某和他立下生死字据。杨某拿过烟盒想了想，说："其实死倒是没什么可怕的，只是这么死了也太冤了，不论是我把你打死，还是你把我打死，咱都成不了英雄。这字我不签，我认输总可以吧。"说着正式向大家宣布："我姓杨的脑袋不如他硬！"宋某一听也没了话。

由于杨某高挂免战牌，主动认输，满足了对方的面子和自尊，所以避免了一场灾祸。事后，人们都夸杨某是条能伸能屈的汉子，是真正的赢家。

三、走为上策

有句老话，叫"惹不起，躲得起"。就是说，为了避免发生恶果，必要时可采取"走为上"的做法。

青年程四在李老汉的摊儿上买了两个西瓜，李老汉告诉他"保熟"。当程四到家打开西瓜一看，很不满意，于是拿着西瓜找到李老汉，两人为此争执起来，程四一气，夺过老汉的秤杆子就给撅折了。老汉气得直发抖。和老汉一起来的大儿子一见也火了，操起秤砣就要往程四头上砸，老汉用身子挡住了他，说："惹不起，咱躲得起。咱不卖了还不行吗？"说着就收摊儿回去了。到家后老汉的儿子直埋怨父亲太软弱，让人骑在脖子上拉屎都不知反抗。老汉摇摇头说："今天的事咱是吃了点儿亏，可凡事得考虑后果，今天如果咱跟他打起来，只能有三种结果，一是咱被他打伤，二是你把他打伤，三是都受伤，哪种结果都要比撅折个秤杆子损失大。你要记住，吃亏是福。"

事实也是这样，有些时候，与其两败俱伤，不如忍让一步，以退为进。因为就算宰了对方，也治不好自己被咬的伤。

四、一笑了之

一个外地青年乘上了一辆出租车，由于他着急赶乘火车，就建议司机走某条近路。司机听了十分反感，厉声说道："我当了15年的司机，难道还用你告诉我走哪条路最好吗？"这个青年笑着说："对不起，是我糊涂，我还以为您不知道穿越市区的捷径呢。"接着解释了自己只是怕误了火车，并没有别的意思。可司机依然叫嚷着："怕误了不早出来一会儿？"这个青年意识到这个司机可能因为什么不顺心的事过于心烦才说话带气。他听了不但没恼，还笑着对司机说："师傅，您说得很对，下次我一定早出来一会儿。"这位司机听了青年的话很是吃惊，他从反光镜里看到青年始终微笑着，自己再也没了话，驾车驶上了青年指的那条近路，准时把他送到了车站。青年下车付钱时，司机还向他道了歉。

卡耐基在《成功之道》一书中指出："从争论中获胜的惟一秘诀，便是避免争论。"而避免争论，恰恰是避免冲动的前提。当遇到因一些不值得的小事发生分歧时，即使对方一点儿理也没有，也不要较真儿，用微笑当灭火剂，对方"火势"自然就会减弱。试想，如果这个青年拢不住火，一冲动和司机争吵起来，其结果就会大不相同：轻者青年会误车，重者会伤人。

五、幽默息怒

幽默的语言和诚恳的表情，有时可冲淡所处的恶劣境地，从而避免冲动。

一天，税务员小李去市场收税，一个卖萝卜的摊贩黄某和他争吵起来，黄某大喊："要钱没有，要命有一条！"小李又耐心地给他讲了税法，可黄某还是以没钱为由不交。小李说："好吧，等你卖了钱我再来收。"当小李走了没几步，黄某气急败坏地拿起萝卜朝小李打去，恰砸在小李的胳膊上。小李回过身，拾起萝卜朝着黄某走来，大家一看，以为他一定得和黄某打起来。可他却对黄某说："你这是把我当成活靶子在练功夫吧？不过技术不怎么样。我当兵时投手榴弹多次得过第一，还是神枪手呢，如果你想练咱就约个时间找个场地试试，我免费教你几手。大家去当观众好不好？"围观的人齐声喊道："好！"刚才的紧张气氛立刻被冲得无影无踪。黄某也低下头，不再言语。而这时，小李又小声对他说："不过，税还是要交的，等会儿你卖了钱我再来收，怎么样？""行行行，一会我交还不行吗？"黄某再也没有了刚才的火气，人们都向税务员小李竖起了大拇指。

六、先"屈"后"伸"

"自己多有理，也不要一冲动就不管不顾地做出无理的事来，弄不好自己点燃的一把火，会把自己也烧伤。最好的方法是先屈后伸，用法律伸张正义。"这是刘老师从拘留所出来后发出的感慨。

原来，前不久，他逮住了一个进入他家行窃的小偷，气恼之下他把小偷捆起来用木棍将其腿打断，想不到为此他倒成了被告，结果不仅被拘留，还赔了几千元的医疗费。由于冲动，他把本来有理的事变成了无理。他有了这次教训之后，变得聪明起来，几个月前，装修队拿了他2万元定金逃跑，当他寻找到当事人以后，虽然很气，但再也没有私自用"刑"，而是将那人告到法庭，最后自己胜诉，坏人受到了应有的制裁。前后两件事都让他恼怒，但由于采取了不同的方法，其结果大不一样。

我国有句俗话说"和为贵，忍为高"，外国也有这样一句名言：

"不能生气的人是笨蛋，不去生气而又用正当的手段把事办了的人才是聪明人。"看来，这话不无道理。

总之，引起"冲动"的原因很多，克制的方法也很多，但要真正在火头上克制"冲动"，最根本的还要在平时修身养性，努力提高心理素质，这样才能在遇到令人恼怒的事情时静下心来考虑解决问题的方法，才能扼住"冲动"的咽喉，不至于做出害人害己的傻事来。

（叶玉茹）

嫉妒别人怎么办

　　在日常工作和生活中，我们会在不知不觉中受到他人的嫉妒，或者，自己本身也在不知不觉中有了嫉妒之心，并以各种形态表现出来。因嫉妒而丧失了友情，因嫉妒而犯了自己未曾料到的罪过，这样的事时有发生。有时自己感觉到了正在嫉妒他人，却又无法抑制，因而感到烦恼万分。那么，当你嫉妒他人的时候，怎么办呢？

一、此事不关风与月——豁达

　　说实话，嫉妒他人，必然有一定的原因。要么因为他人在某一方面太出类拔萃；要么因为他人的机遇让你眼红；要么太多的好事都让他人摊上，他人有太多的荣誉、太多的权力、太多的辉煌、太多的成功。而这些在你看来又都是可望而不可即、内心不敢想的。因而，让你只有嫉妒的份儿，没有享受的份儿。如此看来，你的嫉妒不能说没有一点儿道理。为什么老天对他人如此慷慨大度，对自己又如此寡情少义呢？也就是说，面对他人的成功，你的不服输心理很容易作起祟来。有个青年的论文在一份全国性专业期刊上发表，这激起了一个年资比他高的同事的嫉妒，他从此显得坐立不安，并且在背后跟别人说："他原来写好多呢，被人家编辑删掉了不少！"后来，他又借题发挥地指责这个青年："你不是很会写吗？你怎么不去做？"而在领导面前他又无中生有地说这位青年如何如何不好好工作。很显然，这就是不服输心理的一种表现。他企图通过贬低他人来抬高自己。岂不知这样做的结果只能适得其反。毕竟把人家拉下马的做法是不道德的。人生不如意事十之八九，你应该认识到自己力所不及的地方，有比自己更高强、更优秀的人，而且人存在的空间和时间也是有限的等等这些事实。对他人的成功，你抱着"此事不关风与月"的心态，不就是豁达吗？当然，任何人都无法一下就能达到豁达的境界。必要的时候，你还要用自慰来解脱自己。

二、柳暗花明又一村——自慰

不愿承认自己的失败，或找出一些理由来坚持说明"我并没有输"的行为就是自慰的具体表现。这可以说是一种压制嫉妒心、强迫自己达到豁达的方式。谈到这种自慰心理，可以用心理学上的有趣的"酸葡萄"理论来加以说明。所谓酸葡萄理论，是来自《伊索寓言》的故事。有只狐狸，有一次在山上发现一树很诱人的葡萄，它很想摘下来吃个痛快，但跳起来好几次够不着，狐狸只好对自己说："那些葡萄都是酸的，我才不想吃呢！"说完就径自走开了。狐狸本来是极想吃葡萄的，但跳起来好几次都无法吃到之后，便故意把它的价值贬低，以使自己心安，抵消心中的不服气。你那曾经光屁股一起玩的伙伴考上了大学，而自己却回家刨土头吃饭，心中自然不服气。但偶然间听说被嫉妒的对象上班没多久就下岗了，心里顿时柳暗花明起来："哈哈，幸亏我当初没考上大学，要不然我恐怕现在连肚子也填不饱呢！"这些都是"酸葡萄"心理的典型表现。通过自慰能在一定程度上摆脱嫉妒的折磨。不过，这毕竟有点阿Q的味道。积极的做法是克服私念，用欣赏的眼光看待他人的成功。

三、心底无私天地宽——欣赏

对家人、亲戚的进步和取得的成就，你总是能大度容忍，而唯对自己的同事，尤其是同低资历、低年资者过不去。之所以如此，主要是因为你将亲人看作自己人，他们是放大了的"自己"。可以说，你的嫉妒心归根结底还是自私心理的膨胀，企图使世间的一切光明都属于自己。对此，陶铸同志有句名言："心底无私天地宽。"无私会使你用真诚的目光欣赏他人的进步、他人的成功，这不仅免除了他人遭受诬陷的可能，而且也会使你自己得到解脱。有一个刚进大城市不久的年轻人，由于他在业务上的出类拔萃，在事业上的异常成功，在工作上无人能与之比肩，因此他来单位不久就分到了一套单元房。这个单位有干了一辈子鬓发苍苍的老者，他们盼了多少年，也没有分到这样的房子；就是他的顶头上司也想分到这样的房子却不能如愿。可这个年轻人来到这个住房十分紧张的城市，屁股底下的板凳还没有坐热，却轻而易举地得到了他人向往已久而得不到的好处。尽管人们也明白给这个年轻人分房子是应该的，理由也是充分的，可是有些人的思想总是转不过弯，心里酸溜溜的，这包括年轻人的顶头上司。好在这位顶头上司很快改用欣赏的目光看待自己的这位才华横溢的部属了。他觉得自己能有这样的部属真不失为一种荣幸。不仅如此，在工作和生活上他更关心这个年轻人。年轻人对此很感动。而他本人也受到大家的好评。当然，要用欣赏的眼光看待比自己优秀的人，除了无私的胸怀外，还离不了对自己的"自知之明"。要知道，圣人也有瑕疵，谁都不可能在一切方面都超过他人。另外，还得承认，你即使天资过人、精力旺盛，也不可能永远领先、永远不被他人超过。因此，正确地评价、看待自己和他人，有利于用欣赏的眼光看待他人，有利于从心理上战胜嫉妒心。

四、风物长宜放眼量——发奋

如果你的嫉妒是针对他人的才干或能力的话，那么自己也想拥有与对手相匹敌的资格，理当是一种积极的策略和对抗手段。这对恢复自信心一定有所帮助。关于这一点，开拓一个不输给人的"非我不可"的境界也很重要。这样做的重要性，不仅能抵挡自己所嫉妒对象的挑战，而且会因此成为专家。有个大专毕业生，托了不少关系，才进入了一家大公司的财会部门上班。这家公司财会部门人才济济，不乏名牌大学的高材生。他自然只是一个"小不点"的角色，很长时间，他只是在办公室里做些杂活儿，真正的财会业务根本不让他插手。看到和自己同时来上班的某些同龄人春风得意的样子，他发誓奋起直追。此后，双休日别人娱乐的时候，他也泡在自己的小屋里苦心钻研。功夫不负有心人，他财会方面的造诣越来越深。有一次，几位同事因某个成本计算问题而愁眉不展的时候，他微笑着问能不能让他试一试。得到应允后，他干净利落地解决了这个"拦路虎"。真是"不鸣则已、一鸣惊人"，大家不由得对他刮目相看了。虽然不能说学历无用，但能像这位大专生这样不断地追求新知、继续努力学习的人，才是最有价值的。风物长宜放眼量，一时的失意又算得了什么？只要你不因嫉妒而产生自卑感，那就雄心万丈地进行奋斗吧。经过坚强的奋斗，你具备了他人缺少的才能，那时候，你一定能被部下、同事以至上司所尊重。

（杨玉峰　刘秀芝）

婉转处世八法

所谓婉转处世，就是从善意出发，根据不同的人、事、环境，做出不同的举动。这种举动不是直来直去，而是绕个弯子。其目的是为了解决人际关系上的棘手问题、矛盾问题、难点问题。由于其方法巧妙，不刺激对方，从而产生平和、无波澜的效果。这好比走路，面前横了一块大石头，学会婉转处世的人不会冒危险从上面爬过去，而是绕开石头顺利地走向前方。婉转处世的方法很多，现阐述其中八种。

让他为此而努力——贴上标签法

如果有人见到利益贪图便宜，遇到困难畏首畏尾，或者办起事来犹豫不决，那么你不妨适时地对他说："想不到你真会开玩笑"，"这样前怕狼后怕虎的可不是你以前的表现呀"，"你是个很有决断力的人"。由于给他贴上了一个充满良好形象的"标签"，因此他会为此而努力奋斗，从而改变了从前的不好做法。丘吉尔说："要让一个人有某种优点，你就要说得好像他已经具备了这种优点。"这句名言讲的就是"贴上标签法"。有个小生意人落脚在一家小店长住。为了省时省钱，他买好菜请女店主代炒，自己付点手续费。一天他早半小时回店，看见女店主把菜分成两碗，一碗放在桌子上，一碗藏在菜橱里。生意人灵机一动，自语道："有人说，出外一朝难，我看全错！"女店主问他什么意思，生意人说："你看你为我想得多周到，一斤肉分成两碗，中午吃一碗，还留一碗晚上吃。"这一招真绝，既使女店主吐出了赃物，又让她得了一次廉价的"表扬"。这个事例中，生意人给女店主贴了一个"为他人着想"的标签，使遇到的难题迎刃而解。

一道彩虹连两心——自我批评法

本来应该对他人进行批评，但为了维护对方自尊，先作自我批评。这种婉转做法，会使他人在意外之余，由衷地受到感动，从而顺从你的观点。一个女孩悄悄地喜欢上了班上的一个男生，她把这情感毫无顾忌地倾泻到日记本中。有一天，她发现妈妈正在偷看她的日记。这个女孩尖叫道："你为什么偷看我的日记?"妈妈并没有勃然大怒，她首先向女儿诚恳道歉，请求她的原谅，然后说明她看日记的缘由是因为她的成绩直线下降，从日记中了解到，女儿初涉爱河。妈妈说，这样做很正常，但必须把握好，因为在这个朦胧年龄阶段很容易干出糊涂事来，一旦做出会抱憾终生的。女儿听了妈妈的话，幡然醒悟，学习成绩很快赶了上去。这位母亲对女儿的初恋并未视为洪水猛兽，也不大惊小怪横加指责，而是首先承认自己的"过错"，然后再动之以情晓之以理。这种婉转的教育方式使女儿心悦诚服，终于使她迷途知返。倘若妈妈一发现女儿早恋，便急吼吼地找女儿"算账"，呵斥，怒骂，很容易使女儿产生逆反心理，结果会事与愿违，使孩子在错误的泥淖中愈陷愈深。

王顾左右而言他——转移话题法

遇到难以启齿的话题、不宜挑明的话题、容易刺激对方的话题，不是直来直去，去触及这些交际"雷区"，而是巧妙地转移到其他话题上去，这种做法，是转移话题法。它会使自身得到解脱。大力与女朋友小文在街上散步，一位标致的女青年从他们身边走过。大力情不自禁地多望了一眼，被小文瞅在眼里，她酸溜溜地说："大力，这个女子漂亮不漂亮？"大力很快回过神来，笑嘻嘻地说："我看你很漂亮，不高不矮，不胖不瘦，五官端正，皮肤白嫩。"小文被他逗乐了，随口喊道："你这人真厚颜无耻。"小文话中是"骂"他，心里却是美滋滋的，一场有可能发生的不愉快事件，就这样被大力轻轻带过去了。倘若当时大力直接回答那位女青年漂亮，会使小文吃醋；如果回答那位女青年不漂亮，会使小文觉得大力在光天化日之下撒谎，从而产生对他的不信任。最恰当做法便是大力这种转移话题法，避开不谈。

暖暖春意依然在——利用惯性法

说一句赞美的话，无疑会使对方喜滋滋的，并且这种愉快心情还会持续一段时间，这是"惯性"。在这段时间里，你说出批评之类让他心里难过的话语，由于喜悦的"惯性"在起作用，他会依旧保持着美好心情，不会因为你的批评而受到刺激，这种先赞美后批评的婉转做法，便是利用惯性法。有一回，美国总统柯立芝批评了女秘书。在批评之前，柯立芝对她说："你今天穿的衣服真漂亮，你真是一位迷人的年轻小姐。"这可能是沉默寡言的柯立芝一生中对秘书的最大赞赏。这话来得太突然了，那个女孩子满脸通红，不知所措。接着，柯立芝说："你以后对标点符号稍加注意点，让你打的文件跟你穿的衣服一样漂亮。"毋庸置疑，这位女秘书在兴奋之中愉快地接受了柯立芝的批评，在以后的工作中会大大注意标点符号。当一个人听到别人的赞赏后，再听到对他的批评，心里往往会好受得多，这是因为"惯性"——喜悦会持续一段时间在起作用。

柳暗花明又一村——声东击西法

一般情况下，人们劝说别人，往往采用正面相劝的方法，即：想向西，那么就直接去西。但是当去"西"的道路阻塞，也就是采用正面相劝无效时，该怎么办呢？这时，如果不囿于思维常规，采用"反过来试试"的办法，即"想向西，我先向东，然后再转弯去西"，那么就有可能收到奇特的劝说效果。春秋时期；齐国有个人得罪了齐景公，齐景公大怒，命人将他绑起来，置于殿下，召集左右武士来肢解他，如有敢于劝谏的，也一样照斩不误。这时，晏子想出一个不同寻常的办法。他一边左手扯着这个人的头发，右手磨着明快的刀，装出要亲手杀掉此人的样子，一边又向齐景公问道："古代贤明的君主要肢解人，不知道是从哪里开始下刀的？"齐景公愣了一下，然后离开座席说："把这个人放了吧，过错在寡人。"晏子如果直接劝谏，不但不会救人，反而可能招祸。他急中生智，采取了婉转劝说方法，去询问如何杀人，结果使齐景公改变了杀人的初衷。

此时无声胜有声——避重就轻法

当直接表述自己的观点，有可能引起对方的强烈不满时，可以改用曲折含蓄的语言来表述，如果运用恰当，能够起到此时无"尖锐意见"胜似"尖锐意见"的作用，也就是说看似避重就轻，实则绵里藏针。优秀营业员李盼盼在卖菜时，对那些公德观念不强，随意翻拣、剥菜叶的顾客说："同志，请您小心一点儿，别把菜叶碰下来。"李盼盼避开使用刺激性强的贬义词，而用中性词，用无意、不小心的"碰"代替有意、故意的"剥"和"翻拣"。这样的婉言做法，既维护了顾客的自尊，又示意其要自重自爱，且不给少数无理纠缠寻衅者以把柄的机会。

轻舟已过万重山——难得糊涂法

清人郑板桥有句名言："难得糊涂。"这对于处理好人与人之间的关系很有帮助。同事之间、邻里之间，难免会产生些摩擦，如果斤斤计较、患得患失，往往会使事情越来越糟，而故意装作糊涂，则会减少不必要的烦恼。陈老师到蔡校长家做客，可能是酒喝多了吧，陈老师说出了不少对蔡校长不满的话语。到了第二天，陈老师后悔不已，忙不迭地到蔡校长家赔礼道歉。蔡校长说："我也喝醉了，你说昨天晚上你酒后失言，我实在记不清了。"其实，蔡校长并没喝醉，他用自己的"糊涂"，委婉地道出他并不在乎陈老师的失礼行为，这既维护了自己的尊严，也照顾了对方的自尊。假若蔡校长不这样说的话，即使他原谅了陈老师的行为，也会使两人之间产生一层隔膜，在以后的交往中，就不会像以前那样自自然然。

嬉笑之中有文章——幽默诙谐法

直接说出批评、指责之类的话语，容易刺激对方，引起对方的不满，而如果借助幽默诙谐的话语说出自己的意见，则既会让对方哈哈一笑，又让对方深刻反省，可谓"嬉笑之中有文章"。苏东坡的邻人请他吃酒，桌上有一盘红烧麻雀，共4只。有位客人连着吃了3只，剩下的那只请苏东坡吃。苏东坡很客气地说："还是你吃吧，免得它们散了伙。"周围的人立刻哈哈大笑起来。苏东坡把死麻雀当作活麻雀来讲，表面上说不让它们散伙，实际上委婉地讽刺了那个贪吃之徒"连窝端"的丑态。一句幽默诙谐之语，既树立了自己的巍巍形象，又道出了贪吃者的不是，可谓构思独特，讽刺绝妙。

我们要过河，就要解决好船或桥的问题。婉转处世的方法，就是解决人际关系的棘手问题、矛盾问题、难点问题的"船"或"桥"。倘若我们能学会婉转这门处世艺术，一生之中定会受益匪浅。

（高兴宇）

金牌销售员如此炼成

中国营销组织绩效管理专家、北京康普森管理顾问集团董事长贾长松，近日来本市为企业家做培训讲座，其间他提到自己公司里有一名员工，每月仅推销培训讲座光盘的提成收入就可达15万元，他的一套营销策略令人深思。

据介绍，这名员工叫王冰伟，在康普森公司是一名普通的业务员，平时主要是靠向企业家们推销公司董事长贾长松的培训讲座光盘来提成收入。

由于康普森公司没有出差补助和报销，公司里的其他员工去外地拜访企业家推销光盘时，大多选择先坐长途车，等到达目的地后，再打的一家家去跑，这样比较省钱。而王冰伟的做法则完全是另一种方式——每次出门，他都会包一辆出租车，让其一个月都跟着自己，费用9000元人民币。过路费、吃住费用都不需要司机付。然后，王冰伟会将车后备箱里塞满光盘，指挥出租车司机挨个上门推销。这样大大节省了时间，非常高效。

由于长得比较憨厚，肥嘟嘟的，当对方问他培训光盘能否打折时，王冰伟总是一副摇摇头笑呵呵的模样，既不解释不能打折的原因，也不阻止别人打折的要求，因为在他看来，好的东西是不会打折的，打折了表明你的产品还会有更大的打折空间和利润，一发而不可收。

本着没死就跟着的原则，每晚回到住处，王冰伟就会按照ABCD四种分类，分别给处于不同销售阶段的企业家们发短信，短信内容可以是温馨的提醒，比如："李总，你有很久没有陪你的孩子和家人聊天了吧。抽点时间，给他们一点关心，他们需要你。"也可以是关怀的提示，如："王总，听说你明天要去东北出差，那边天冷，多带点衣服。"……类似这样的短信很多，在王冰伟看来，"你可以不买我的产品，但你不能拒绝我对你的关怀。"一切营销都是为了爱！

更妙的是，当贾老师有公开培训讲座课时，王冰伟就会请一些企业家去看。有企业家就说，听课费太贵了，暂时财务预支不出来钱。王冰伟便会说，没事，我先给你垫着，什么时候还我都行。

等企业家去听课时，王冰伟便把红牛饮料、牛奶、糕点、水果都放进企业家的房间里，好让他们中途休息时，一回到房间就能及时补充能量。

企业家在听课时，王冰伟也不会闲着，而是给企业家咔咔地照相，为此，他还专门买了一台两万多块钱的数码相机。课间休息的时候，他还说服贾长松，让他和企业家合影。他还会在一旁认真地记录培训讲课的内容，整个课程一结束，他便把自己整理好的讲课内容，用相当高级的纸张打印出来，设计装裱好后，再送给听课的企业家。

几天后，王冰伟还会自费花掉近千元，将企业家和贾长松的合影放大，再用很上档次的水晶或者橡木框将其装裱起来，然后送进企业家的办公室里去。

同时，还送上贾老师上课时的现场录像，好让企业家在自己的公司内部放映。

最后，王冰伟还将企业家要请教的管理营销疑问要过来，汇总后发给贾老师，等到贾老师回复后再送给企业家，同时告知贾老师下一次培训讲座的时间和地点，提醒他有空去听。

由于这一系列的做法，融入了关心、爱和直至心底的感动，让企业家们对王冰伟的印象开始越来越好，不仅不再拒绝他，而且和他成了好朋友，纷纷把他推介给身边的其他企业家朋友和合作方。

最后，贾长松在讲座中称，在康普森公司，每个月提成300、500、800元的业务员太多了，他们跟王冰伟产生巨大差距的根本原因是，他们不懂得如何去改变客户挑剔的眼光，赢得他们的爱和信任。

（徐立新）

失误，不应该成为虚伪的借口

一位记者在访问英国诺丁汉大学校长、原复旦大学校长杨福家院士时，杨福家院士讲了这样一个故事。说美国波士顿大学曾聘请了一位十分著名的教授为传播系主任。这个教授在一次讲课时，讲了一段十分精彩的话，而这段话是他从其他地方看到的，本来他是要交待这段话的出处的，但教授刚讲完那段话，下课铃就响了，教授便下了课。在西方的许多著名大学，要求学校的每个老师和学生不能以任何形式剽窃别人的成果，即使老师在上课时所说的内容，如果引用了别人的话，都必须明确指出，如果不指出，便认为是一种不诚实，是一种剽窃行为。所以，当这个教授下课后，有一个学生便向校长反映，说那个教授在上课时用了某个杂志上的话，但却没有交待出处。校长便找那个教授核对，那个教授承认了自己的失误，便立即提出辞职。由于其他教师的挽留，最后校长决定撤销他主任的职务。第二天，这个教授上课时，第一件事就是向学生道歉。

在我们看来，这也许是小题大做。何况那个教授并不是存心不想说那段话的出处，实在是因为下课了他没有来得及说；再说，就是这个教授说了那段话不是自己的，也不会对他有什么影响，他为什么要故意不说呢？再退一步说，即使不说出出处，那又有什么关系呢？但是，学生反映了这个很小的问题，校长还是十分重视，即使知道了这个教授不是故意不做交待，校长还是撤了他主任的职务。而这个教授呢？他在校长找他的那一刻，便已经认识到自己的疏忽犯了大错，他在那一瞬间便觉得自己不配在这里为人师表了，所以他立即提出了辞职。最后因为同事们的挽留，他虽然留了下来，但仍觉得错在自己，所以在第二天上课时，第一件事情就是向他的学生真诚地道歉。因为他明白，失误，不能成为原谅自己的原因。

在这件事情中，无论是那个学生，还是校长，抑或那个失误的教授，都表现出了一种对虚伪的厌恶，对诚实的追求。那个学生并不因为教授有名气便原谅他的不诚实，哪怕他并不是故意的；校长也并不因为这个教授有名气，便原谅他的失误；教授也不因为失误，便找种种借口原谅自己。其实，学生、校长和教授，所不能容忍的不是这件小事，而是不能容忍哪怕是半点儿的虚伪，无论这种虚伪来自有意还是无意。因为他们认为，如果容忍了无意的虚伪，便是对真诚的一种亵渎。

我读到这个故事时，内心震动很大。因为在我们的生活中，有很多虚伪的东西存在。最近，我在《中华读书报》上就读到过好几篇揭发著名教授抄袭别人成果的文章。但是，抄袭者非但不承认错误，反而多方辩解，甚至对指出他剽窃别人成果的人进行人身攻击。

这种背着牛头不认赃的行为，是多么可悲的现象啊！

做人，无论在怎样的情况下，都应该真诚，不应当虚伪，这是每个人都明白的道理。可是我们生活中却有很多不尽如人意的现象存在。这也许是我们久久不能有大进步的原因所在。当我读到那个教授的故事后，我觉得我们只有不断地清理自己的心灵，让自己的内心深处多一些真诚，少一些虚伪，才能成为一个真正大写的人。我们应该向那个指出教授不诚实的学生报以尊意，我们应该对那个校长给予赞扬，当然，我们更应该向那个不因为失误而宽容虚伪的教授致以崇高的敬礼。

失误，不应该成为虚伪的借口。

（田永明）

教育孩子远离奢侈

　　北宋有位宰相叫张知白，虽官尊禄厚，但所居堂屋不蔽风雨，吃的也是粗茶淡饭。亲近他的人好心劝告他："您现在受俸不少，但节俭到了极点，虽然您崇尚清廉节俭，恐怕外人不会以您清廉节俭为美，反倒会以为您假饰清廉节俭，沽名钓誉。"张宰相听后长长叹息道："是啊，以我现在丰厚的俸禄，全家锦衣玉食也足够了，但你们哪里知道，人的本性是由俭入奢易，由奢入俭难呀。如果我一旦失去了今天的俸禄，而子孙们又奢侈已久，无法忍受清贫俭朴的生活，岂不要家败人亡吗？再说人总会死的，一旦我死去，子孙们又凭什么锦衣玉食呢？"张知白富而居俭，原来并非假饰清廉节俭，沽名钓誉，而是为了使他的子孙们远离奢侈。后人称赞张知白之爱子，是真正为儿孙们幸福平安着想。

　　清廉节俭是中华民族的传统美德，上下几千年，流传着许多贵而持俭、富而居俭的佳话，先贤们"孔颜乐处"固然是对"君子"人格理想的追求，但还有一个深层原因就是他们对其子孙的爱。他们深谋远虑，深知勤俭乃惜福之道，奢侈乃败家之兆，为了子子孙孙长久幸福，就得教育子孙远离奢侈。

今天我们还要不要倡俭戒奢？《"盒饭风波"引出的思考》（见《做人与处世》1997年第7期）展示的中小学生流于奢侈，以浪费为荣的场面触目惊心，发人深省。孩子们扔掉的不仅仅是一盒盒雪白晶莹的米饭，而是一种精神，在那一群群挥霍浪费的孩子背后蕴含着当今社会一个带普遍意义的课题。发扬传统美德，教育孩子们远离奢侈。

奢侈指人们放纵个人的物质生活欲望，花费大量钱财追求过分享受。"侈，恶之大也"。奢侈对青少年健康成长的危害主要表现在三个方面；

一大害为玩物丧志。人有耳目口体之欲，如果放纵自然属性方面的欲望，一味追求悦耳、悦目、美味、安逸，那就不会重视精神生活，更谈不上人格、理想上的追求。现在不少做父母的钱多了，孩子要什么给什么，似乎给孩子的钱越多给他的幸福就越多。孩子手上的钱一多，各种诱惑步步逼近，稚嫩的孩子缺乏明辨是非的能力，缺乏意志力，如果得不到家长、教师的及时引导，他们有可能沉溺享乐而不能自拔。电子游艺、赌博、歌舞厅、酒吧曾荒废了多少人的青春和学业？俗话说，一代英雄二代衰。二代为何会衰？因为一代创业，为二代提供了玩物的物质条件，当二代把玩物作为自己的唯一人生目的时，他就消磨掉了志气。富足的物质生活与健全的精神生活相分离后，人也就成了行尸走肉，成了不能守业、不能创业的窝囊废。

二大害为欲壑难填。南方某市有一对百万富翁夫妇不幸车祸双亡，留下百万家产和一娇儿。娇儿奢靡成性，父母去世后仍花天酒地，挥霍无度，一年后坐吃山空，仍不醒悟。奢侈已使娇儿膏肓，他利用工作之便，疯狂贪污公款填他的欲壑，事发后锒铛入狱，沦为阶下囚后他整天痛骂父母害了他。如果那对百万富翁在九泉之下听到了儿子的骂声，不知来生还会不会纵子奢侈？这样的悲剧古人早已料到，司马光一再训诫子女："侈，则多欲，君子多欲，则贪慕富贵，枉道速祸；小人多欲，则多求妄用，丧身败家，是以居官必贿，居乡必盗。"明朝抗倭名将戚继光的父亲戚景通是名武将，对子管教极严，有一次，戚继光穿着一双考究的锦丝编织的鞋走过庭前，其父见后狠狠教训了他："小小年纪竟穿这样珍贵的鞋，长大后生活难免不奢侈，当了军官以后说不定还要侵吞士兵的粮饷呢。"这件事对戚继光一生都能保持清廉正直很有影响。人若不对个人物质生活欲望加以节制，私欲与法律必将冲突。不少青少年犯罪就是为了满足私欲而置道德法律于不顾。"以德遗后者昌，以财遗后者亡。"这话现在听来仍有道理。

三大害为不惜物、不敬人。惜物是中国道德的一贯传统，它包含着深刻的生态伦理思想。几千年前人们就意识到生态平衡关系到人类的生存和发展，主张取物以时，取之有度，用之有节。今天在青少年中进行惜物教育尤为重要。一次小小的班集体聚会就剩两座

"菜山"，稍不合口味就将鸡鸭鱼肉随便扔掉，如此浪费无度，十几亿人口的泱泱大国受大自然的惩罚也将为时不远。惜物实质上还是人与人关系的反映。"每一食，便念稼穑之艰难；每一衣，则思纺织之辛苦。"教育子女从小珍惜劳动成果，对劳动人民存感激之心，这是在培养孩子一生人品之根基，根基里包容着人的良知和善心。近年来，败家子杀父母，父母杀忤逆子的恶性案件时有发生，尽管案件的时空不一，主人公各异，但酿成悲剧的原因却惊人地相似：父母娇惯儿女，儿女从小不知惜物不懂敬人，渐渐自私冷酷，对父母也毫无孝心。或因父母无力满足其要求惨遭杀害，或父母对孽子作恶忍无可忍怒而杀之。可怜天下父母心，早知奢侈的孩子无孝心无良知，何不当初就让他知道盘中之餐粒粒都是锄禾人的血汗？

可见奢侈是一种罪过，于己于家于国都有害。每一位爱国爱家爱子的父母有责任用自己的言行为孩子造一片勤俭的净土，全社会都有责任用爱心、良知、理性来浇灌净土上的幼苗。"历览前贤国与家，成由勤俭败由奢。"教育孩子远离奢侈，勤劳朴素，家运国运将永久兴旺。

（雷敏）

为人处世当慎终

慎终，是为人处世应当遵循的一条重要原则。只有慎终，才能善终。只有善终，对人生来讲才是完美的一生，对一件事情来讲才是圆满的结局。否则，只能功败垂成，前功尽弃。

（一）

慎终，是防止"功败垂成"的关键。老子说过这样一句话："民之从事，常于几成而败之。"意思就是说，人们做事情，常常在快要成功的时候就失败了。在历史和现实生活中，功败垂成的教训是很多的。明末农民起义领袖李自成的失败就与其不能慎终有直接关系。李自成在担任农民起义军领袖后，一向军纪严明，并提出"均田免赋"的口号，深受百姓欢迎，队伍逐渐发展到百万之众，所向无敌。1644年，李自成建立大顺政权，不久攻克北京，推翻了明王朝。但在胜利面前，李自成变得不那么谨慎了。面对一些官兵借"追赃助饷"之机敛财，李自成放松管束，使军纪受到破坏，战斗力大为削弱。据《明季南略》记载说，大顺军自将军至战士各有私囊，"腰缠多者千余金，少者亦不下三百、四百金，人人有富足还乡之心，无勇往赴战之气"。再是，大顺军攻占北京取代明朝后，处于四面受敌的被动地位，特别是北面的清国和江南的明室残余，构成了夹击大顺的严重形势。但以李自成为首的大顺军的领导者们却陶醉于自己的强大和胜利之中，忙于筹备李自成做皇帝的登基大典，对敌情缺乏足够的警惕，因此在吴三桂勾结清兵入关之时，应战失利，被迫退出北京。另外，他听信谗言，无辜杀害了在起义军中很有声威的将领李岩，致使军心离散。正是由于李自成的不能慎终，使眼见就要成功的起义大业归于失败。

慎终，是事业长盛不衰的保证。老子云："慎终如始，则无败事。"古今中外，凡是能够保持事业长盛不衰的，无一不是谨慎始终的。历史上著名的"贞观之治"，就是唐太宗"慎终如始"的结果。唐太宗在位期间，经常以"守成难"、"慎终如始"警戒自己。有一段时间，他滋长了骄傲自满的情绪。对此，魏征上了一道著名的《十渐不克终疏》，指出了唐太宗十个方面的过失。唐太宗把这道奏章反复看了几遍后，觉得魏征说得对，就把魏征请来，向他表示接受他的意见，一定改正过失，争取善始善终，并给了他十斤黄金、两匹宝马作为奖赏。为使自己今后不再犯错误，唐太宗还把魏征的这道奏书抄写在屏风上，早晚恭恭敬敬地看上一遍。正是由于唐太宗的慎终如始，贞观时期的文治和武功都达到了空前的盛况，唐太宗也成为空前成功的皇帝。相反，那些成就大业之后就骄傲自满、奢侈放纵的人，都没有使自己的事业做到长盛不衰。

慎终，是每个人特别是领导者保持晚节的根本。近几年来，随着反腐败斗争的开展，时闻一些身居高位者、退位在即者晚节不保，身陷囹圄，其主要原因就在于不能慎终。如某省财政厅原副厅长曾某，1947年参加工作，1959年入党，几十年来在工作中一直勤勤恳恳，谨慎行事，深得领导和群众肯定。然而，在他即将卸任的晚年，面对市场经济的大潮，在金钱的诱惑面前，他变得不谨慎了，私欲逐渐膨胀，认为"别人捞得，我也能捞"，在经济往来活动中利用职务之便，大肆进行收受和索要贿赂活动，索贿人民币共计38万余元。1994年底，这个在人生路上迈过了62个春秋，本应给自己几十年工作履历画上圆满句号的老干部，落得个被判处死刑、缓期两年执行的结果。

（二）

慎终至要，慎终亦至难。《诗经》所云"靡不有初，鲜克有终"，足以说明慎终之难。那么，如何才能做到慎终呢？依笔者愚见，起码应注意以下几点：

持之以恒。恒心不足是慎终的大敌。世界上绝大多数的事情，不能一蹴而就，不能"毕其功于一役"。要做成一件事，特别是要做成一件大事，往往需要经年累月的奋斗，甚至需要付出毕生的努力。特别是有的事情，越是到了最后，难度越大。因此，在事物发展的整个过程中，都必须有持之以恒的决心和毅力，尤其是到了事物发展的最后阶段，更要慎重，更要"咬定青山不放松"，这样才能得以善终。在事物发展的任何环节上，特别是最后的冲刺阶段，任何掉以轻心和动摇退缩的行为，都足以造成前功尽弃。《书·旅獒》的"为山九仞，功亏一篑"，及《孟子·尽心章句上》的"有为者辟若掘井，掘井九仞而不及泉，犹为弃井也"，说的都是这个道理。

功成不骄。居功易骄，骄则不慎。古往今来，有不少人在成功之前，都能够做到谦虚谨慎，礼贤下士，励精图治，发愤有为，不奢侈，不放纵，可谓吃得苦中苦，甘为人下人。但是，在功成名就之后，就开始骄傲起来，变得不可一世，目中无人，喜佞拒贤，奢侈放纵，最后功丢业毁，以至身败名裂。鉴于此，许多有识之士都提醒人们要戒骄守谦。如《尚书》的"满招损，谦受益"，孔子的"聪明睿智，守之以愚；功被天下，守之以让；勇力振世，守之以怯；富有四海，守之以谦"；诸葛亮的"骄者招毁"，毛泽东的"虚心使人进步，骄傲使人落后"；陈毅的"九牛一毫莫自夸，骄傲自满必翻车"。历史和现实的经验教训都证明，要慎终，必须做到功成不骄，戒满守谦。否则，慎终就是一句空话。

居安思危。一些人之所以难以慎终，很重要的一个原因在于对事物的发展和未来缺乏预见性，在事物发展顺利特别是取得成功之后，盲目乐观，安而忘危，存而忘亡，治而忘乱。孟子云："生于忧患，而死于安乐。"综观历史，因耽于安乐，安不思危，存不思亡，治不思乱而失败的人，可谓数不胜数。所以《易·系辞》要求人们"安而不忘危，存而不忘亡，治而不忘乱"，《吕氏春秋》也提醒人们"于安思危，于达思穷，于得思丧"。也只有这样，慎终才知慎所当慎，才有预见性、超前性，才不至于"亡而不知所以亡"。

不求侥幸。许多人之所以不能慎终，在金钱的诱惑面前晚节难保，就在于有侥幸思想，认为自己做得"天衣无缝"，贪一点、捞一点"神不知"、"鬼不觉"。其实，侥幸思想是万万要不得的。古人云：盖闻上智不处危以侥幸。"就是说上等聪明的人不会以侥幸处以危险之中。那种以侥幸而贪的人，自以为是聪明，其实只是"小聪明"而已，到头来只能是"聪明反被聪明误"。真正聪明的人，是不会把自己的政治生命和人生幸福押在侥幸这一赌注上的。因此，要做到慎终，要保持晚节，就要做真正聪明的人，在任何诱惑面前保持清醒，摒弃侥幸。

（辛举）

三种朋友应回避

　　金子般珍贵，宝石般纯洁，火焰般炽烈，大海般宽阔……对于友情，历来不乏美的赞辞。然而，蓝天也有阴霾和风暴，更何况世事纷繁，人心有变。友情，在有的时候，便有可能蒙耻受辱了。当我们审视友情之时，可别忘记有三种人必须谨慎待之的，那就是损友、卑友及贵友。对此三友，不觉不察不知，我们就可能步入交际的误区。

　　一、避损友。损者，损人利己之谓也。其显著特征是绞尽脑汁损害朋友利益换取自己的舒适、名誉和地位。美国一高级官员莱克，虽然官位显赫，在以前却有着不光彩的损友记录。上大学时，莱克为个人活动方便，说服同窗同室好友泰勒，轮流单独使用公共宿舍。可是，轮到莱克使用时，他却故意将墙壁涂上黄色。泰勒伤心极了，事后说："我一贯对黄颜色过敏。他明明知道这一点，却有意把墙刷成那样，原来是为了达到独占寝室的目的，"泰勒的伤心，与其说是为无法进宿舍居住，莫如说是为了同窗室友的所作所为。战国时，李斯和韩非也是同窗，交情不错。李斯辅佐秦王时，还建议派韩非出使韩国以谋功绩。后来，他又担心韩非因此而比自己更受重用，于是以"过法"之名进谗同窗，使韩非陷于大牢。按理说，莱克与泰勒，李斯与韩非，既然互为同窗朋友，就该相互关照，相互提携。岂料莱克、李斯这样的人，却把朋友当作自己的敌手，仿佛对方的存在就是对自己利益的侵犯和威胁。这样想，当然也会这样行动，于是演出了坑友卖友的丑剧。既然古今都有如此"面结口头交、肚里生荆棘"的损友，——我们焉能不察不慎，焉能不防不避？

二、**避卑友**。卑者，过分的谦卑也。尽管谦虚是一种美德，但卑者，就只能是一种屈膝的姿态了。朋友之间，如果谦过了头、卑过了度，便走到了坦诚率直的反面，变得虚伪、造作起来，当然也就不可能真正做到推心置腹了。古代有个叫于咩子的人，一次，同朋友围炉而坐。正靠着几案专心读书的朋友，下衣被火盆的火点着了。这时候，于咩子却不慌不忙地起身，踱到朋友前，拱手而立，施礼而后说："我有件事想告诉你。因为你性子急躁，说出来后怕激怒了你，所以不敢说了。不过，要是不告诉你吧，又觉得对朋友不忠诚。所以，希望你宽容一些，不要发火，我才敢告诉你。"那朋友听罢，只得说："你有什么话就请讲吧，我一定恭恭敬敬听你的指教。"于咩子再度重演了一遍谦让之礼，鞠躬、道歉后才吞吞吐吐道："炉火把你的下衣烧着了！"那朋友赶紧起身，下衣已烧焦了一大片，他不觉脸色骤变："你为何不赶紧告诉我，居然磨磨蹭蹭到这种地步！"于咩子却说："瞧吧，人家都说你暴躁。本来我不信，今天才知，你果然如此呢。"试问，一个谦卑到"见火慢救"地步的人，还算得上朋友吗？"不怨道里长，但畏人我欺"，造作的谦让卑恭，可谓欺友之极致了。一位诗人早年同杜诗专家萧涤非相识相交后，写信给萧时，总谦恭地称其为"师"，其实萧涤非只比他年长一岁而已，因此，萧婉拒了，后来诗人又以"您"相称，萧依然表示不能接受，他写信给诗人说："你我相称，何必多此一心！"这真是谦卑不讨好了，因为它使朋友之间多了一种生分与隔膜之感。古人云"友之第二我"，既然如此，在"自己"面前还用得着如此谦虚卑恭吗？总之，谦卑过头的朋友，也像骄傲过头一样，让人疑心你的真诚了。其实，谦卑者做人之友，因为虚饰较多，他自己也挺费神劳心，朋友接受起来也挺累的。如此朋友，避之也罢。

三、**避贵友**。贵者，乃高高在上者也。这种朋友，往往依仗其职位、权势和钱财之类比较优裕，便常在人前显示出自我感觉特好的姿态，甚至在朋友前也多了几分优越感。唯其优越，朋友之间就有了心理上的落差，难以继续深交了。记得梁实秋在一篇文章中，讲过一个严子陵的故事，说是刘秀在未发迹以前，同严子陵亲密无间，是莫逆之交，甚至严将自己一双大脚压在刘秀肚子上面逍遥，刘也不见怪。后来，刘秀变成了东汉光武帝，严子陵明智地急流勇退，归隐于富春山，主动断绝了同刘秀的交情。为什么会如此呢，正如梁氏所言："人的身心构造原本是一样的。但是一入宦途，就可能发生突变。"不是吗？原本平等的关系，无间的友情，一旦有了地位权势的介入，双方站的角度便起了变化，保持友情的共同点少了，基础亦不牢固了。尤其是同像光武帝这样的帝王相交，更是一大忌讳。培根说得好："本来君王是不能有真诚的友谊的，因为友谊的基本条件是平等。"此话固然绝对化了一些，不过，也给我们结交朋友提供了某些值得警醒的东西。北宋时，王安石有过一个叫孙少达的友人，双方友情可谓胜过亲兄弟了。这从王安石的一篇赠诗中可以看出，诗云："应须一曲千回首，西去论心更几人？"王安石当宰相后，孙少达便从未上京城与之会面，别人都以为二人友谊已经中断。然而，后来王安石变法失败，被贬到地方做一个小官，此刻孙少达才去主动求见，双方重新恢复了友谊。上述两人——严子陵与孙少达，何以后世总称道他们对友谊的回避是明智之举？那是因为社会经验告诉我们，朋友失意时你可与之相知相交，因为双方有平等的基石；反之，朋友得意时便需要回避了，尽管未必人人都是如此。谁都明白，地位的悬殊，门第的隔膜，荣辱的变迁，总会影响人的情感基础，造成朋友之间理解沟通的困难。在位卑者那里，高贵者的傲慢甚至猜忌总是挥之不去的阴影；而高贵者任何的审慎也都有傲气造作之嫌。因此，严、孙二人的回避是较为实际的态度，虽然地位平等不一定同友谊画上等号。

我们说的三友之避，只是对普通现象的一个概括。同世间万事万物一样，友情实际上也是千差万别，对损友、卑友、贵友这三者也可作如是观。但是，提出这一回避的策略，在许多情况下，却是有一定启发意义的。

（瞿泽仁）

成功者不会犯的错误

每个人都渴望成功。我们当中很多人不乏成功的天资，但在现实中却并未走向成功。生活中为什么有些人可以大把大把地挣钱而另一些人却为自己付不起账单而诅咒？当然，运气是其中一个重要原因，但更为常见的是人们日常的言行把自己拖入了自我击败的"陷阱"，从而不可避免地给自己带来了坏运气。这样的"陷阱"很多，尤以下面列举的最为要命，我把它们称之为不成功者的8大致命坏习惯。

1. 自欺欺人的幻想。不成功的人在生活中总喜欢自己欺骗自己。以前我曾以为，一个有不诚实恶习的人是不可能获得成功的。很遗憾，到后来我这一认识才有所修正：如果仅仅是对别人不诚实，这个人至少在金钱上还有望达到目的，但是如果这个人连对他自己都完全谈不上诚实，那他人生路上的任何进步也就一点也别指望了。不敢如实承认自己现状的情况很多——如自己在生活中究竟是什么样的处境，达到理想目标的前景如何，自己有哪些不足等等。

2. 缺乏创造性。我曾一遍又一遍地告诉那些没有基本生活技能的人——要靠什么东西才会让人家心甘情愿地付钱给你。他们不明白这个基本的原理，即人是有所劳才有所获的。他们也不明白另一个显而易见的道理，即人们只有让手头所做之事越有价值，自己所获也就越多。大家可以看到，从事医学、法律、音乐或经济财会类的人，他们可以让别人或是身体健康或是生活幸福或是玩得快乐或是收获点别的什么——当然这些工作的工作量都是很大的。如果经济上的成功是你所追求的目标，那你就必须制造或创造点别人很需要的东西——是在现实生活中，而不仅仅是在美梦里面。

我的父亲是个经济学家，他曾告诉过我，一个人生活中的所得总是与其金钱或者人自身的本事成正比的。金钱通常可以继承获得，这一点我们无法控制或左右它们。但是人自身的本事——可以在市场上推销出去的技能，凭个人的进取和努力就能获得。人生路上的失意者往往终其一生也未能悟得这个道理。

3. 怠慢朋友。大凡不成功者都有一个习惯，就是喜欢讨好和巴结那些并没有给自己多大帮助的人，反而偏偏很轻待与自己关系颇友好的人。我是非常惊讶地发现这个规律的。我曾有一个很亲密的朋友，他在好莱坞一次次地获得了发展的机会，这多亏了他那几个在电影公司里有能力有才干的朋友，他们很久以前就把他送上了成功的快车道，但是我这位朋友近20年来几乎一直瞧不起身边的这些伙伴，把他们之间的友谊看作是可有可无，却反而去追随那些平时待他不友好的炙手可热的演员。所以，我的这位朋友一直到47岁时还是一无所成，且债务缠身，也就不足为奇了。

不成功者把没有朋友视为理所当然——这是自己在对自己冒险。除非你本人确实是个独具天赋的艺术家或运动员，否则要想没有朋友们的帮助和支持赤手空拳打天下，你就别指望心想事成。在我所见过的每个失败者的例子中，不能交朋友和保持朋友间的友谊总是其中的原因之一。

4. 言行不恭。失败者待人接物粗鲁无礼也很常见。他们不能按时赴约，不会很得体地对别人馈赠的礼物表示感谢，也不会为自己的傲慢和错误进行道歉。

我喜欢通过统计我请来吃饭的客人迟到时间的长短来估计一个人的成功与否——而这种估计一般说来很准确。职业高尚、事务繁忙、责任重大的客人一般总能准时来赴约，而整天无所事事的闲人将会姗姗来迟，甚至干脆就不露面。一个工作水平较低的人会怎样呢？迟到时间约在15分钟到1个小时之间。我还能估量得出某些人会在什么时候抱怨饭菜：假如他是个落魄者，他看待别人总有着一种优越感，也就不会感谢我的晚餐；如果客人是个事业成功者，他对几乎所有事物都存感激之心，会衷心感谢我的招待。

5. 穿着打扮不当。我还认识一个年轻漂亮的女子，她一直在拼命四处求职。我介绍她参加过一次面试——跟一家公司的总经理共进午餐。这家公司一直以其良好的家族形象而骄傲。让人难以置信的是，这位女子是穿着短裤和T恤以及高跟凉鞋出现在总经理的餐厅里的。从她出现的那一刻开始，她自己就已笨拙地毁掉了这次面试，同时也使我这个中介人狼狈不堪下不了台。

不成功者的穿着总是显得不那么得体。他们不系领带或是穿着运动鞋就去参加面试，穿着牛仔裤就去参加派对，而晚会上别人都是衣冠楚楚一身正式装扮。他们也许还认为自己在领导着服装新潮流呢，实际上这等于是在明明白白地告诉人家：我跟你们不是一类人，我对你们的所作所为不屑一顾。一个人光凭其衣着打扮，既可以响亮地招摇着对别人说：我是个门外汉、粗俗人，是个跟你们不一样的叛逆者；也可以让衣着穿戴表明：我跟你们是一样的人，属于你们中的一分子，我可以获得该属于我的那份工作和职务。

6. 怨天尤人。失败者往往对自己的前程失望悲观，他们不喜欢自己的工作和所处的环境，总以为周围的人都是又虚伪又愚蠢，他们对任何事情都觉得阴郁无味，又把自身的失意和无聊无望传染给周围的人，他们无意中表明了自己对生活丧失信心——根深蒂固地认为自己无法干得更多更好，他们几乎对任何愿意听他倾诉的人都表述过这一点。而他们自己却没有意识到这等于就是在向别人做广告，告诉别人——我是个失败的人。

我还有一个朋友，她的工作能力确实是非同凡响，问题是她不管走到哪儿，都要抱怨空调不是太凉就是太热，更要命的是她还一直对她的上司和工作抱怨不休。她告诉同事说他们干的这工作纯粹是浪费时间。就这样，在两年的时间里她五次失业，那些她为之效劳工作过的人也从未有一个给过她语重心长的建议和劝告。这也并不奇怪，因为对那些顽固抱怨者来说这是个顽固的一成不变的命中定数。

7. 无谓的争论。人生路上的失败者总喜欢为原因而争论不休。挑起争论的人也许会以为，朋友和同事为此会被他的精干和聪明所深深打动，会对他留下深刻印象，这就实在是大错特错了。

萨姆·赖雷伯恩是美国参议院一位享有盛名的发言人，他曾说过："如果你想与别人相处融洽，你最好是赞同别人的意见。"他的意思并不是说要毫无原则地附和别人说的任何话，而是说，别在无休止地去惹恼别人的同时，又希望人家来帮助你。

事务缠身的人不喜欢为那些无谓的争辩去浪费时间。如果你硬要挑起战斗，不但正经人会尽力躲着你，与此同时你还会发现你又被另一些好斗的失意者包围了。这条路明摆着会把你带向失败之地。

8. 做事本末倒置。失意者不能正确摆正事情的轻重缓急。我在上学时曾结识了这么一个人，他又机灵又英俊，其父是个富翁，事业上很成功，但他本人可就惨了，一直在一幢公寓楼里当个小头目，多年工作在那里一直没挪窝。但当我劝他考考文职公务员，他却总一口咬定说没空，太忙了，说业余爱好都已占去了大量的时间，哪里还能再抽得出功夫去考那个东西呢？而这些话他从1966年就开始告诉我，一直到现在！

事实是，世上没有哪件事做起来的时候时间会很充裕，哪怕是真正重要的事情，但是事业生活中的失败者却从来搞不明白，做事要分清轻重缓急是个不破的真理。他们似乎也从来不知道，放弃相对不重要的事情而把精力用于要事上并不是一种损失，相反，这是笔很划得来的买卖。

好了，我的"说教"也就到此结束了，也许你——本文的读者也有上面所说的某些坏习惯，不过请记住，成功者知道他们要改正——在行动中改正，那么你呢？你也明白这个道理，是不是？

（操凤琴　张晓红　编译）

人走任茶凉

　　人走茶凉是最让人不愉快的，它与人在茶热的情景形成鲜明的对照和巨大的落差，以至于心理很不适应甚至很难承受。

　　但是退一步想，人一走，茶慢慢地凉下来，也是正常现象。茶总是要凉的，再热的茶也有凉的时候，这一点在与不在都一样。只不过，在的时候有人添水，不在的时候便任其冷却。不在了，又何必苛求他人时刻为你供奉一杯热茶？因为得不到热茶而与他人过不去，弄得气鼓鼓的，其实是自己与自己过不去。

　　所以，还是人走任茶凉好！

　　这也是顺其自然的意思。

　　话说回来，慢慢地凉下来让人容易接受，突然从炙手可热降到冷若冰霜就让人难以接受了。其实这根子还得从自己身上去找，谁叫你当初头脑发昏看错了人呢？自酿自饮，自食其果，难道不应该吗？

如何对待爱说是非者？

首先要确立这样一种观念：爱说是非者，必是是非人。一个专爱传小道消息、专爱关注家长里短乃至个人隐私的人，绝不可能是一个正派人。今日他对你说某某如何，某某说了你什么，明天他一定会对某某说你怎样怎样。这种人往往出于不可告人的动机，或想整臭别人抬高自己，或搞帮派力图使自己成为某种"核心"，或者纯粹是其卑劣的天性使然，就爱煽风点火、挑拨离间，以此为乐事。对这等人如果要信其言，岂不是大傻瓜一个？

其次，对此等人的话要作客观分析，无论是他在背后说了你什么，还是他传言别人说你坏说，都应头脑冷静地判断这些话是否有根据？有根据，则从自身改进，让别人再也说不出什么；倘没有，则更不用在乎，身正不怕影子歪，说了又能怎么样？（当然造谣诽谤不在此列，对其必须给以迎头痛击，必要时要借助法律。）所以，对此等言论，最好的对付方法是根本不理它，切不可拍案而起、怒火冲天，那正中了造谣中伤者之下怀，他就是希望你痛苦嘛！你不理他，痛苦的就是他了。

再次，对爱说是非者最好敬而远之。这并不是说怕这种人，也并非不讲原则，在大是大非上我们当然不能含糊。但是，大凡爱搬弄是非者皆是小人，他有无穷的精力去嚼舌头，去煽风点火，如果接近他，与之过密则有同流合污陷于是非之虞；与之相悖，则容易成为其攻击的目标，这都会给我们的工作、生活带来一些消极的影响。所以，对此等人确宜敬鬼神而远之，仅与之保持工作关系，就事论事，莫及其他。正如对待厕所，为了完成代谢必须得去，但解决问题后要赶紧离开，否则岂不受臭气困扰？

（廉彩虹）

学会克制

　　当你置身于狂热的球迷之中，面对赛场的风云突变，不跟着起哄，不吹口哨，不扔汽水瓶，这就是一种克制；民主生活会上，面对种种的意见、批评，甚至无中生有的诘难，你眼不瞪眉不皱，这种功过任人评说，有则改之、无则加勉的度量就是一种克制；在家庭里你面对妻子的小题大做、喋喋不休，却一点不发脾气，仍然笑容可掬地端盘洗碗，审视孩子的加减乘除，这份理解和忍耐就是一种克制。别人踩了你的脚，你竟对那人宽容一笑；你申报的高级职称再次落空，依然不闹情绪，埋头工作；你深爱的女友或男友弃你而去，你却说"天涯何处无芳草"，抹一把泪后又热情地投入火热的工作和美好的生活……所有这些，都是一种克制，它体现了人的美好的品质和良好的道德修养。

　　生活中总有诸多的失意、落寞，看不惯的人和事实在太多太多，遭人误解，被人诽谤，甚至被别人小耍一两回也是常有之事，对此，那种动不动就骂娘、或以牙还牙、或以拳相向、或自暴自弃的冲动，实在是不明智之举。做人就应当学会心存坦然、宽容，意寄旷达、宁静，情系深沉、真挚，这是做人的一种境界，也是学会克制的前提。

我们提倡克制，是因为它闪耀着理智之光。仁人志士，即使渴死饿死，也不会去饮盗泉之水，食嗟来之食。朱自清不是宁肯饿死，也不吃美国的救济粮么？这份宁死不屈的克制表现了一个人多么高尚的节操啊！学会克制，就能够构筑起一道抵挡人欲横流的防洪长堤，顺利通过物质的、金钱的、美色的一道道充满诱惑的陷阱，使你的路越走越宽，越走越光亮。

克制也是一种生存之道。俗语说："和气能生财"、"忍一忍百气消"，正是此理。当你面对别人的误解、谣言、甚至是恶意的中伤，如果你暴跳如雷，那就正中他人下怀。不仅解决不了问题，还会有"此地无银三百两"之嫌，至少也会背上个"没有修养、缺乏风度"的恶名。不善于克制，会使误会加深，造成人际关系紧张事事皆难。学会克制能避免冤冤相报，能使大事化了，小事化无；克制使阴谋破产，使误解冰消雪融。

克制体现出成熟美。一个成人如果不懂得克制，往往被人看得轻浅、无知，认为你经受不住痛苦、挫折和失败。一个人沉不住气又怎能挑起重担，干出一番大事呢？

提倡克制并非叫人一味地无原则地忍让畏缩；更不是提倡夹着尾巴做人。当别人的挑衅涉及你做人的尊严时，你应当义不容辞地加以维护；面对毫无原则的人和事，你应当毫不留情地坚决给以拒绝和抵制。

多一份克制，少一份冲动吧，你会觉得天宽海阔，游刃有余。学会克制就会使生活之树常青，事业之树常青。

（孙孝文）

失意时的自我调节

　　时下，从报刊和人们的传言中了解到因人生失意而轻生自杀的事时有发生。其原因是复杂的，但面对失意的困境，心理承受能力脆弱肯定是共通的毛病。其实，人生在世，难免会遇到一些无可奈何、令人沮丧的事，所谓"万事如意"、"一帆风顺"，不过是人们良好的愿望而已。在竞争激烈的现实社会中，人们经常会遇到失意的困扰。那么，面对人生的失意怎么办？是怨天尤人、自暴自弃、放浪形骸、一蹶不振，还是尽快调整自己的心态，摆脱失意的烦恼，树立起对自己的信心，达到新的心理平衡，从而轻装上阵，以百折不挠的意志，投入到新的竞争之中，——这样的人就有可能成为令人刮目相看的春风得意者。

　　当然，"解铃还须系铃人"，面对人生的失意，要解开心结，任何人的劝解、安慰，都远不如自己主动进行自我心理调节有效。本文介绍几种失意时的自我心理调节方法，以期对朋友们有所帮助。

一、"酸葡萄"心理

伊索寓言里那只狐狸是深谙生活之道的，为了能吃到那串葡萄，它想尽了办法，奋斗了一番，但由于客观原因，最终没有吃到，它知道坐在葡萄架下哭、发脾气是毫无用处的，因此说了句"这串葡萄一定是酸的，让馋嘴的麻雀去吃吧"！用这样自我安慰的话以求得心理上的平衡，转身再去寻找其他食物。这颇有点据于儒，依于道而逃于禅的味道。生活中不尽人意的事太多太多，我们学学这只狐狸的方式又何妨呢？某中学有两位高级教师，在教学上效果都很好，教研成果均很突出，可以说是不相伯仲，各有千秋。后来学校有指标评一名特级教师，两人均被推选作为候选人，但在最后评审时，其中一位以微弱的优势上了，另一位落下了。失意的这位老师开始很想不通，自己在某些方面比对方还强一些，觉得这样对他太不公平了，甚至对对方也有了一些意见。后来，他渐渐想通了，自己已被评上了高级教师，这在教师中已不错了，至于特级教师这一份殊荣，如能评上当然更好，评不上也没有多大关系，这特级教师也不好当，要求很高，压力大，经常要讲高质量的示范课，撰写高水平的经验论文，处在"高处不胜寒"的境地，倒还不如自己悠闲。这么一想，心态就平衡了一些，这不是一种典型的"酸葡萄"的心理吗？

二、"适度自大"心理

狂妄自大是为人处世的大忌，但人处在失意逆境时，不妨多找一些自己的"闪光点"，适度自大一点，在心理上树立起自信心，取得精神上的优势，这也是一种较好的心理调节方法。例如，某中专学校的一位中年讲师，学术功底厚实，著述颇丰，在学术界有一定的建树和知名度，教学效果也不错，并早已通过了高级职称的外语达标考试，大家公认早已具备了评高级职称的条件。但由于该校高级职称指标有限，而老年教师中还有许多人未评上，因此，年复一年，这位中年讲师均未排上号。开始，他非常想不通，为什么明文规定评高级职称要评工作能力和学术水平，现实中却偏偏只看胡子和"饭龄"的长短呢？对此，他感到非常失望。后来，在无可奈何的情况下，他解开了这种"职称情结"，心想：咱这号中级职称的人，可要一些高级职称的人才能赶上呢！要说社会声望，自己早已具备了，要说多那几级工资，自己可以用稿酬来补足，不一定非要评上高级职称才算实现人生的价值。这么一想，心理就坦然多了。然后，继续读他的书、撰他的文、做他的事。也许你会说，这不有点"阿Q"吗？但是在现实的无奈面前，若没有一点自宽自慰精神，老是气血填胸，这世界上的心肌梗塞患者不知会增加多少倍呢？

三、"退一步想"心理

俗话说:"忍一下心自安,退一步天自宽。"当人处在失意的逆境时,也不妨用"退一步想"的办法来调节自己的心态,因为悠悠万事,哪能事事如意,既然失意对人生是在所难免的,我们何不往开处想呢?这也许有点消极,但如果能摆脱失意的心理困扰,使自己有足够的信心,开辟新的人生道理,在其他战线去打拼,争取在新的竞争中获胜。从这个意义上讲,不也具有一些积极意义吗?苏东坡被贬到南方瘴疠之地,生活境况很不堪,精神也非常苦闷,但苏东坡善于自我调节心态,他常用"退一步想"的方法来自我安慰,有诗为证:"罗浮山下四时春,卢橘杨梅次第新。日啖荔枝三百颗,不辞长作岭南人。"这首诗中写自己虽然被贬流放岭南,然而在这里却能大饱口福,尝到了南方各种美味的水果。就说荔枝吧,前朝杨贵妃吃了几颗并不新鲜的荔枝,就招致民怨鼎沸,还有人作诗讥讽。自己每天能吃好几百颗荔枝,已经快活得赛神仙了,就是常做岭南人又何妨呢?你看,这种心态,何其达观。在南方流放之地,苏东坡并没有放弃对文学艺术的爱好与追求,最终成为一代大文豪。

四、"西方不亮东方亮"心理

人生之路有许多条。此路不能,请走彼路。"西方不亮东方亮,黑了南方有北方。"不一定非要在一棵树上吊死。面对失意的困境,人们也不妨用这种心理来安慰自己，使心态平衡。例如，周小姐是某师大中文系委培生，毕业分配到某地区，然而该地区较贫困，财政解决不了所有委培大学生的工作分配问题。因此，尽管周小姐品学兼优，尽管该地区还缺教师，尽管许多学校愿意接纳她，但工作问题拖了很长时间就是落实不了。周小姐非常气恼，想到自己是堂堂本科生，满腹诗书，却仅仅因为是委培生落得这个地步。后来，她回心一想："西方不亮东方亮"，"天生我材必有用。"于是，她又到处寻找其他的就业机会，但有许多部门又因她是女性而把她拒之于门外。但她并没有灰心丧气，一心要找到适合自己的工作。后来，遇到省报招聘记者，她毅然报考，在竞争中，她以坚定的自信心和优异的文才与口才赢得了主考官的青睐，进入了省报当记者，实现了自己的理想。

五、"比下不比上"心理

在现实生活中，人们总爱向上攀比，总认为自己的生活不尽如人意。别人的能力、水平与自己差不多，凭什么生活比自己优越，由此而产生一种不平衡的心态，常有一种失意之感。其实这是对生活的误解。生活中固然有比自己生活优越的，但不如自己者也不乏其人呢！要调整这种心理的失衡，可采用"比下不比上"的方法，多比比不如自己者，这样才能以一种坦然的心态，面对生活，孙女士是某市一位小学教师，她有几个要好的女友，有的嫁给了当干部的，有的嫁给了做生意的大款，还有一个嫁给了一位知名的外科医生，生活条件都很优越。而她的丈夫是一位中学教师，尽管小日子还是不错的，住房宽敞、家电应有尽有，吃穿也不赖，但与其他几个阔绰的女友相比，总觉得低人一等，因而整天牢骚满腹，有点莫泊桑笔下的"玛蒂尔德"心态。她的丈夫见状，就想尽千方百计，利用种种机会，让她看到社会上还有许多还不如他们的人。不能老是眼睛向上，拿眼前的几个"富婆"来比。教师家庭物质生活虽差一点，但精神生活却很丰富，在知识方面上也占有优势。并且工作、生活都很有规律，这些也是令人羡慕的。当教师的应该自尊自重，决不应该自轻自贱。经过大夫的耐心开导，孙女士终于解开了心结，摆脱了失意感的困扰。当你失意时，不妨想想"比上不足，比下有余"这种失意感就会减轻许多。

总之，人生好比海上的波浪，有时起，有时落，好运、厄运、失意、得意，将会伴随人的一生。"人生得意须尽欢，莫使金樽空对月。"但失意也并不可怕，可怕的是心如死灰，精神崩溃。如果当你身处失意的逆境时，能有效地进行自我心理调节，使自己尽快从失意的泥沼中解脱出来，那么，你就可能在人生之旅的"山重水复疑无路"之际，出现"柳暗花明又一村"的佳境。得意而忘形，必将会失意；失意不丧志，也许最终会得意，这就是生活的哲理。

（黄中建）

知止才能永保清名

我有一位朋友被提拔到一个单位当一把手，日前碰面向他道喜时，他倒满脸惆怅，诉苦道：老同志虽都退居二线，但热情有加，个个争着工作，争着用权。是既不放心，又不撒手。听得出，言下之意是因老同志的一些不能"止"，而使他左右难以施志，故而有惆怅之感。

这使我想起了《大学》中的一段文字："知止而后有定，定而后能静，静而后能安，安而后能虑，虑而后能得。"这里的核心意思是做人做事都要知道"止"，即"知其所止"。有了"止"，就能有定而能静，能安，能以静安的姿态，精详地思虑怎样做人做事，而达到"虑后能得"，得到至善。其实，社会中的一切人和做一切事，都有一个止的问题。因为"知止"就是开始，就是"在止于至善"。退居二线的老同志能牢记责任，争着工作，精神实在可嘉，也完全应该有此行。但做工作也有一个由止到始的问题。不光退居二线的同志要随着工作位置的变化，而在心理姿态和工作做事的方式上有所改变，知其所止。而且所有的人，都有一个知其所止的问题。也就是说，任何一个人，在任何时候，做任何事情，都要随时抛却失落，知其所止，行所当行，止所当止。这样不仅有利于每一个人能静安思考，得到心理的安定平衡和取得工作上的所得，而且更利于他人放手施志，开创新局面，干出后浪推前浪的业绩。

就一般情况而言，一个人紧紧张张、忙忙碌碌地工作惯了，一下子放松下来，总会有工作上的失落感。特别是因职位、权力没有了，那前呼后拥的场面也基本没有了，甚至是逢迎拍马的人也少了，这些难免使那些本来就不能正确对待权位的人，在心理上失衡。这些都是可以理解的现象。要消除这些失衡感和失落感，最好的办法就是要知其所止，变换为党为人民工作的方式。如若在职位、权力和权威等等问题上不能知止，那只会加重心理的不平衡感，甚至失衡，而出现耿耿于怀、骂骂咧咧等不利于自己和别人开展工作的情况，有时反而会害了自己，害了人民的事业。在现实当中，更有一向表现不错的干部，甚至为革命和建设作出过重大贡献，但由于在人生的紧要几步，不能止住权力、金钱、女色、人情等等的诱惑，而使自己失衡、堕落、跌倒。浙江省纪委、监察厅在1994年至1996年上半年共查处县处级以上的党员干部案件311起，其中年过半百的地厅、县处级干部113人，且不乏党龄二三十年甚至四十多年的老党员。这种"清名不保"或"晚节不保"的现象，很主要的原因是在于不能及时有效地止住对自己的放纵。

再说，我们共产党人历来是要做事，不要做官。要做事，就更要懂得止与始的变化。党和人民给你的位置和权力，是为了让你为党和人民工作。既然位置和权力已发生变化了，那就要及时将自己调整到平凡的位置上，以凡人中的一员来为党为人民的事业尽力。李素丽、徐虎和徐州下水道四班等等，他们就是在平凡的工作岗位上为人民创造了不平凡的业绩。况且，社会中的绝大多数人，也只能在平凡的岗位上做事。因此，我们的所有人，不论是职位高低，权力大小，都应像他们一样，在平凡的岗位上为人民认真工作。同时，凡人的敬业精神和成就也告诉我们，当一个人在做事的位置和权力发生变化之后，只要调整好自己的心理，止住不应有的失落，重新投身到凡人的行列，立足于平凡的工作岗位，同样可以为党和人民做出不平凡的业绩，从而受到人们的敬重和爱戴。

实际上，知止，就是一种自我控制，就是一种自我调整，就是一种对诱惑的抗拒，就是一种重新开始，就是一种前进。在大千世界中，真假美丑、高下优劣、强弱胜败、私欲公情等等，总是并存，总是扑朔迷离地围绕在你的周围，让你选择。怎样选择，就看你去怎样地自控和知止的深浅。而现在的问题正在于，我们的一些同志，特别是一些领导者，在选择上缺乏正确和有力的自控，对该止的和不该止的都缺少正确的知。对该止的，如讲排场，比阔气，挥霍公款，吃喝玩乐，追求享受，买官卖官，执法犯法，和不惜采取不正当的、以权谋私的手段来让自己和亲属先富起来等等，不去自控，不去自止，甚至明知故犯。结果是恶性膨胀，欲壑难填，毁了自己，毁了事业。而对不该止的,如党的艰苦奋斗、勤俭节约的好传统、好作风,在相当一部分党员和干部中淡忘了,有的甚至已经丢得差不多了。坦率地讲,因为人类自身的本能欲望或者说是人性的某些弱点,在面对权力、金钱等诱惑的时候,或者在权力、位置失落的时候,一点也不失衡、一点儿也不动心的人,是不多的。问题是在动心、欲望和失衡这些问题上,高尚者和低下者的真正区别就在于能否知止,能否自控,能否行所当行、止所当止。如果任其所以,该止的不止,而使其日积月累,终会铸成大错。所以说知止,要适时而止,从点滴而止,以自己坚强的意志和毅力去"残酷"而止,在批评和自我批评中严于"解剖自己"而止,时时处处事事控制好自己。只有止不断,才能进不退,永保清名。

很显然,能不能从知止而达自控,或思有所止、行有所止,归根到底就取决于你个人的思想修养和人生观、世界观的建立,提高知的态度。止的关键是知。知的深了,广了,崇高了,特别是有了做人做事中理性的知,那就能自觉做到当止即止,适时而止,适可而止,而且止得有利于自我品行,有利于齐家、治国、平天下。这正如古人所说:"欲治其国者,先齐其家。欲齐其家,先修其身。欲修其身者,先正其心。欲正其心者,先诚其意。欲诚其意者,先致其知。"可见,我们要诚心诚意地为党和人民做事,就要用很广博、很崇高的知来正其心修其身。连古人都知道"自天子以至于庶人皆以修身为本"(《大学》),以致其知来修其身,正其心,诚其意,治其国。那我们今人更应用学习、学习、再学习来得其知，来习其善、修其身，来弄懂明白止始的道理，获得行动上的止和善。江泽民同志指出，讲求共产党员个人的思想品行修养，现在大有重申和强调的必要。这种必要，正是在于共产党人要以讲学习、讲政治来获其知、习其善，不断加强理想、信念、品行的修养，充实做人理性上的知，懂得止是至善、止是开始的哲理，从而完善自己的人格品行，成为贤者、智者、强者，去担当起改革开放、发展社会主义市场经济的历史重任，去完成治国平天下的宏愿，去实现以天下为己任、以人民幸福民族兴旺为目标的理想。同时，个人学的深了，知的多了，也就益于自己不至于同流于污下，沦为愚者、小人，更能使己止其思恶，停其行恶，去始终控制自己那不应有或不能有的欲望，以德行得清名。

英国的文学家萧伯纳说："自我控制是最强者的本能。"那知止，又何尝不是做强者的需要。而加强学习，以知来强化自己思想品行的修养，正是达到能知止、做强者的途径。

（顾冰清）

战胜拖延的十大战略

拖延，惰性的一种表现形式，就是把立即应该做的事缓至将来，把决定应及时采取的行动推到来日。也就是说，该做的不做，会做的不做，想做的不做，能躲则躲，能逃则逃，能拖则拖，完全用懒汉哲学支配自己的行动。实践表明，拖延是成功的大敌。在兵战中，拖延会贻误战机，导致失败；在商战中，拖延也会贻误战机，坐失财运；对个人来说，拖延又会耽误个人前途。既然拖延之害如此之大，为什么许多人做事总是一拖再拖，在拖延上兜圈子呢？其实，这有其深层的心理原因，归纳起来主要有如下几个方面：

（一）依赖心理。有此心理的人，凡事总是寄希望于他人，或由他人代作，或等他人的吩咐与指示，若要自己单独面对，便束手无策，拖延下去。

（二）恋旧心理。这是一种眷恋旧秩序、害怕新事物的心理。是一种深层的惰性心理，生怕新事物带来适应上的困难或损坏原有的既得利益。所以，有此心理的人，面对创造或更新总是一拖再拖。这也是社会变革或组织变革时期为何总有一批保守分子的原因所在。

（三）自卑心理。这是一种自感无能的心理。有此心理者，面对要作的事情总是怀有畏难情绪，自我击败，于是便采取两种行为方式，要么逃避，要么退缩，也就是说，尽可能地拖延下去。

（四）行为惯性。这是长期以来形成的一种习惯性行为倾向，即办事拖拉，不讲效率，如老牛拉破车，一步三摇摆。有这种行为惯性的人，做事总是不慌不忙，能拖即拖。

（五）自我厌弃。即对自我不满意，不能悦纳自己，因而对自己所从事的工作亦无兴趣，所以工作起来总是惰性十足，设法拖延。

（六）情感冷漠。郭沫若先生说："哀莫大于心死。"情感冷漠即是"心死"，对什么事均无兴致，对人生亦抱消极态度。有此心理的人，办事总是能躲则躲，能拖则拖，实在躲不掉，拖不过的，亦是糊糊涂涂，敷衍了事。

（七）意志薄弱。即害怕困难的心理。有此心理者，面对容易的事情还能勉强从事，但面对复杂或困难的事情，就畏难而退，一拖再拖。经不起困难的考验，经不起失败的打击，所以为了避免失败，保全面子，就尽可能地拖延下去，或把任务推给他人。

（八）无责任心。即对己、对人、对集体、对社会都缺少责任感。由于害怕承担责任，所以就逃避任何实实在在的工作，即使非做不可，也是尽量拖拖拉拉，蒙混过关。

（九）消极挑衅。即与他人消极对抗的心理。有此心理的人，对自己的事情还能积极从事，但对与自己人际关系不佳的同事或领导所托之事却采取消极对待的拖延方式，借此表达心中的不满。

（十）环境影响。这是指一个人在同一个环境里呆的时间太久以后，由于在熟悉的环境里重复着单调的工作，便不再能激起好奇心、新鲜感和进取热情。所以，工作起来往往是不慌不忙，老调重弹，抱着一种"做一天和尚撞一天钟"的应付态度，拖延也就在这种态度中表现出来。

总的来看，造成拖延的心理因素主要就是上述十个方面。根据这些心理原因，我们亦提出如下十个方面的战胜拖延的心理策略：

（一）端正认识，悦纳自我。这里的"端正认识"有三方面的内涵：其一，端正对人生的认识，即人生观。应当记取人生的价值在于奉献，奉献越多，价值越大；其二，端正对成功的认识，应当记取：成功在于奋斗，在于创造，在于进取，在于勤奋，应彻底摆脱听天由命的宿命论观点；人的能力有大有小，所以人的成就亦有大有小，但贵在尽心尽力，求实奋进；其三，端正对自我的认识，即要对自己的能力、气质、性格、理想、信念、动机、需要、兴趣、知识结构、智力水平、思维方式、生存环境、发展优势与不足等都要有清晰的认识，既要看到自己的优点，也要看到自己的不足，千万不可用别人的成就来否定自己，相信"天生我材必有用"。认识自我的途径有四：一是在和别人的比较中来认识自我；二是从别人的态度中把握自我，即所谓的"镜中自我"；三是从工作或学习成绩中认识自我；四是通过各种心理学自陈量表的测查来认识自我。自我认识的目的是对自己作出一分为二的评价，肯定自我，悦纳自我，而后或扬长避短，或取长补短，从自己的工作中，不断发展自己。只有悦纳自我的人，才能以积极的心态去工作和学习；相反，一个自我否定的人，只能以消极的心态应付于事，因而其拖延作风也就必不可免。

（二）行为训练，改变习惯。针对习惯性拖延，或惰性惯性，最好采用行为训练的方法加以消除。行为主义心理学认为，任何一种习惯的形成都是长期的刺激——反应所形成的动力定型。而要改变这种动力定型，只有改变刺激——反应的方式，即进行行为训练。在进行行为训练时，先要确立一些行为准则，然后照此执行。凡是违反准则，就要重复训练，这样坚持下去，就可改变拖延习惯，代之而形成一种勤勉习惯。美国心理学家拿破仑·希尔博士在《人人都能成功》一书中说："播下一种行为，形成一种习惯；播下一种习惯，形成一种性格；播下一种性格，形成一种命运。"这不仅说明行为训练有助于改变或形成习惯，而且强调了良好习惯对性格和前途命运的重要意义。

（三）强化自我，独立自主。美国心理学家勒温根据场依存性，把人分为独立型和顺从型两种。顺从型又称依赖型，这种人自我意识淡化，凡事依赖或顺从他人，而与自我意识淡化相伴随的即是主动性、自主性的丧失，表现在工作中即是拖延作风的蔓延。所以强化自我，独立自主，有助于提高人的主动性、自主性和积极性，因而有利于战胜拖延作风。

（四）超越自卑，树立自信。自卑的形成有多方面的原因，如学业不佳、屡遭挫折、出身卑微、生理缺陷、经济拮据等。自卑导致退缩和拖延行为。所以为了战胜拖延，必须超越自卑，树立自信。要超越自卑，首先要澄清导致自卑的原因，端正思想认识。下列诸原则有助于超越自卑心理：①只要奋斗，就能成功；"人一能之，己百之；人十能之，己千之"；②胜败无常，不能以一时成败论英雄；③勤能补拙，天道酬勤，天才出于勤奋；④出身的贵贱不能决定成就的大小，"寒门生贵子，白屋出公卿"，自古而然；⑤财富的多寡、权力的大小、职位的高低并不决定一个人的幸福与欢乐。其次，要勤于实践，在实践中不断求得进步与成功。目标可由低到高逐步提高，成功可由小到大不断积累，诚如古人所言："积累譬如山，得寸则寸，得尺则尺；功绩无幸获，种豆得豆，种瓜得瓜。"通过不断实现具体目标，享受成功的喜悦，即可彻底超越自卑，树立坚定的自信心。有了坚定的自信心，人就有做事的勇气，这样就可以消除退缩行为，战胜拖延作风。

（五）弃旧图新、勇于创造。恋旧、怀旧、苟安、求稳，这是人类心理中普遍存在的一种心理倾向，这种超稳定的惰性心理，往往以拖延的方式表现出来。所以，要战胜拖延，就要勇于弃旧求新、勇于创造。敢破敢立，才有希望；希望之光，可以清除拖延的疑云。

（六）磨炼意志，迎难而上。意志是与困难作斗争的心理品质。意志薄弱的人，总是畏难而退，遇事拖延。所以，要战胜拖延，必须强化和磨炼自己的意志。意志坚强的人是永远不会被困难吓倒的，也不会故意拖延，而是以积极的斗争求得胜利。磨炼意志的方法，一是像孟子所说的那样，"苦其心志，劳其筋骨，饿其体肤，空乏其身"；二是抵制各种诱惑，提高对感官之娱的抗诱惑能力；三是选择有一定难度的任务，在自我激励中求得成功；四是"威武不屈，贫贱不移，富贵不淫"。只有这样，才能具备坚强的意志，才能迎难而上，战胜拖延。

（七）与人为善，满怀热情。凡是对人生和人性怀有消极认识的人，如认为"他人即是地狱"，"人都是自私的"，"人不为己，天诛地灭"，"各人自扫门前雪，莫管他人瓦上霜"等，其表现在对他人的态度上即是拖延或应付。所以，改变对人生或人性的认识，相信"好心必有好报"、"世间还是好人多"等，在与人相处方面，善待他人，满怀热情，这样才能在工作生活中以应有的责任心克服拖延习惯。

（八）热爱工作，做中求乐。缺乏工作兴趣，或"这山望着那山高"，或眼高手低、见异思迁，是拖延的重要心理原因，所以改变对工作的认识是至关重要的。一要把工作视为生存的第一需要，强化工作动机和工作兴趣。二要明白任何工作各有其利与弊，苦与乐，要善于发现所从事工作的积极方面，发现工作中的乐趣，视工作为乐事。三要相信行行出状元，成功与否并不在于工作的种类，而在于能否在成绩上出类拔萃。只有这样才能战胜工作中的惰性行为，即拖延。

（九）改变环境，激发好奇。人们常说："熟悉的地方没有风景"，这句话本身就包含着认识上的惰性。一个人在同一环境呆久了，日复一日，年复一年，重复着同样的工作与生活，因此对许多事情麻木不仁，惰性就此孕育，拖延将成自然。所以，或者调换工作环境、生活环境，或者对现存环境加以改进、创造，增添新的气氛，这样有助于激发人的好奇心和工作及生活热情，增强人的活力，减少人的惰性，从而战胜拖延。

（十）自我监督，及时纠正。一个人为自己确立了工作、生活、学习、锻炼、娱乐、人际交往等方面的行为准则以后，要努力地照章执行，这就需要加强自我监督，如有违反，及时提醒，及时纠正，不可原谅或迁就自己，否则就是拖延。人的最大错误不在犯错误本身，而在于原谅和迁就自己的错误。所以，要想战胜拖延，消除惰性，就得从不原谅自己的错误做起，注重自我监督，及时纠正自己的错误行为。

总而言之，人的惰性行为，即拖延，是成功的大敌，要战胜拖延，必须从人生态度、思想认识、工作方式、生活方式、人际交往、意志品质、自我监督等方面加强自我修养，力求形成好的行为习惯，塑造认真、求实、勤勉、上进的性格，这样，才有望获得生活的幸福和事业的成功。

（杨春晓）

"人"字是必修的功课

　　他出生在河南省鲁山县一个偏僻的山村，父母的相继离世，让他过早地品尝了生活的艰辛。然而，年仅18岁的他却作出了让乡亲们难以置信的决定——走出山村，改变命运。

　　因为家境贫寒，他勉强读完高中。学业中断后，想到未知的将来，他心中一片茫然。这时，邻居家的收录机里正播放着路遥的长篇小说《人生》，高加林的故事点燃了他的文学梦。昏黄的桐油灯下，他静下心来阅读，从书本里汲取力量。他纸笔不离身，有空就坐下来写。这时，他遇到了一位文学老师，稿件渐渐见诸报端。

　　在老师的推荐与引领下，他成了县广播局的临时工作人员。对于这份来之不易的工作，他拿出"拼命三郎"的劲头，不畏艰难险阻，深入新闻现场。仅用了两年时间，他就因工作突出被破格录用为正式记者。随后的几年，他成了县广播局对外发稿最多的记者，并有几十篇新闻作品相继在省里获奖。

　　作为一名行走在社会前沿的新闻工作者，他接触到形形色色生活在底层的人，面对那一双双充满渴求的目光，他仿佛看到当年的自己。他暗下决心，要用行动回馈社会。

他用自己微薄的收入资助了近40名学生，让那些贫寒的学子延续着他们的求学梦。他用新闻扶贫的方式，改写了画眉谷一个村庄的命运。然而，许多人知道他的名字，却是因为他与贵州水窖的情缘。

2005年春天，他被徐本禹义务支教的事迹感动，第一次登上贵州这片贫瘠的土地。正是这次高原的灵魂之旅，让他与贵州结下不解之缘。贵州严酷的生存条件，村民沿着崎岖山路背水的身影……无不敲击着他的心灵。他捐出自己多年积攒的稿费2.4万元，帮助村民建造了30座水窖。随后在他的影响和感召下，社会各界纷纷伸出仁爱之手，出资捐建了167座"河南水窖"。他的善举在当地引起广泛关注，更多的人积极参与这项公益活动。截至目前，由他发起援建的"河南水窖"已达1080座。

他的事迹传遍中原大地，受到人们的热情追捧，诗人杨志广为他写下这样的诗：我不知道，从河南到贵州／你疲惫的双脚起落的数量／只知道，你鲜红的衣袂／明亮我的眼眸／明亮无数人的眼眸／一面旗帜，鲜艳夺目／让所有爱心的脚步／都不约而同地，与你相随……说到这里，很多人都已知道他的大名，他就是获得河南省十佳记者、河南省十大爱心人物等荣誉的张朝岑。

有人说，他只是位"三无"记者，经济上并不宽裕，做这些事就是为了出名。面对类似的质疑与非议，他的眉宇间也有过挣扎，更何况由于长年奔波，不惑之年的他已是华发早生，身体每况愈下。然而，他始终听从内心的召唤，义无反顾地行走在慈善的道路上，用爱点亮自己，温暖他人。

他用一句话诠释了自己的人生信念："既然上苍赋予我做人的属性，架构这一撇一捺的工程，就成了我每天必修的功课。"经历那么多艰难困苦，依然固守内心的纯真与良善，只为写好一个"人"字，让每个瞬间都焕发生命的光彩。

（顾晓蕊）

椰子只能落在你的身旁

　　有一个学生问柏拉图，成功如何才能够降临到自己身上？柏拉图只回答了一句话：椰子只能落在你的身旁。学生不解，待追问时柏拉图已拂袖而去。这个年轻的学生一直在揣摩老师这句话的真谛，可是百思不得其解。

　　一日，他路过椰子林，看到一枚椰子果从树上掉了下来，正好砸在一个年轻人的头上，年轻人当即摔倒在地，不省人事。这个学生大悟：原来成功不可以砸在你的头上，它总会与你若即若离，而你若想成功，必须要跨越一大步，去追上它

　　这个学生，就是后来的黑格尔。

（古保祥）

交往中的"背反"现象

在人际交往中，我们常为一些"背反"现象所困惑，如优秀出色的人被排斥、性格迥异的人成为密友铁哥们儿……说这些现象背反，是因为这些现象看起来有悖常理，难以令常人理解。其实，在这些"背反"现象后面都有其合理的原因。在此，笔者就人际交往中的心理因素来谈谈对几种"背反"现象的理解。

"背反"现象之一：

白璧微瑕比白璧无瑕的人更令人喜爱

某女孩在班上可谓是德貌兼备、能力超群，可她人缘却不好，男生对她敬而远之，女生对她心存妒忌。真是做人难，做能人更难哪。可是，当女孩因上课发短信而被老师没收手机后，同学们倒关心起她来，并主动接近她、安慰她，她也就因此多出了很多朋友。

这种现象在心理学上被称为"错误效应"，即小小的错误会使有才能者的人际吸引力提高。众所周知，才能与被人喜欢的程度一般成正比例关系，因为人们在择友时都有意无意地遵循向上原则，即喜欢选择那些比自己优秀的人做朋友。但是，别人超凡的才能或完美的形象又会使人们感到一种压力，这种压力在一定范围内会激起人们完善自我的激情，但若超出了这个安全的范围，则使人倾向于逃避或拒绝。任何一个人，无论如何不可能去选择一个总是提醒自己无能和低劣的对象来喜欢。相反，一个会犯小错的能力出众者则降低了这种压力，缩小了双方的心理距离，保护了别人自尊，因而也赢得了更多人的喜爱。

关于这一点，曾有心理学家做过这样一个实验：实验者给被试者呈现四种人，包括才能出众而犯了错误的人、才能出众而未犯错误的人、才能平庸而犯了错误的人、才能平庸而未犯错误的人，然后让被试者评价哪一种人最有吸引力和被喜欢的程度最高。结果是，才能出众而犯了错误的人被评价为最有吸引力。当然，才能平庸而犯了错误的人是大家最讨厌的人。看来白璧微瑕比白璧无瑕的人在人际交往中真的更易被人接受。所以，如果你是一个能人，请记住别把你的一些小缺点隐藏太深，他是你赢得朋友的法宝。特别是当你和一样聪明能干的人交往时，更是如此。

"背反"现象之二：

对朋友有时比对敌人更心狠，朋友间的反目成仇是一种普遍的现象。1965年，心理学家阿龙森和林德所做的一个著名实验就证明了这一现象。实验安排被试同伴用四种不同情况评价被试：始终肯定；始终否定；先肯定后否定；先否定后肯定。结果，被试者对第四种同伴喜欢水平最高，而最讨厌的是对自己先肯定后否定的同伴。这意味着，在人际交往上，人们最喜欢的是对自己的喜欢水平不断增加的人，而最厌恶的是喜欢自己的水平不断减少的人。

这种现象的心理依据在于人的自我价值保护。所谓自我价值是个人对自身价值的意识与评判，而自我价值保护则是指人为了保持自我价值的确立，心理活动的各个方面都有一种防止自我价值遭到否定的自我支持倾向。人的自我价值感是通过别人的评价来确立的，并处于相对稳定的状态。对于已有的支持力量，无论多大，都因为它已成为一个人自我价值感的一个组成部分而不被人们特别注意；对于向来就否定自己的力量，人们也已经将其置于一个特定的位置并适应了它的存在。最令人敏感的是支持力量的变化，原来对立的双方化解了矛盾后会变得特别友好，这就叫做"不打不相识"。但原来肯定自己的人转向否定自己，意味着人们正在丧失既有的自我价值支持力量，因而会通过贬低这些原来支持自己的人来实现自我价值保护。正因为如此，人们对来自朋友的讥讽和拒绝会感到特别敏感和痛心。

"背反"现象之三：

罗密欧与朱丽叶效应

这是有关爱情的一种"背反"现象，就是指如果出现干扰恋爱双方爱情关系的外在力量，恋爱双方的情感反而会加强，恋爱关系也因此更加牢固。

这是人们在维持认知平衡时产生的一种现象。一般地，人们对自己的行为的解释都是从内外两方面去寻找理由，当外在理由消失后，人们就会从内部去寻找依托，反之亦然。恋爱双方渴望接近对方等行为原因可以解释为双方内在的情感因素和外在亲人朋友的支持。当亲人采取简单否定的态度时，便削弱了恋爱的外在理由，这导致恋爱者的认知出现了不平衡，于是他们只好把内在的情感因素升级以解释自己爱恋对方的行为，使自己的认知重新处于平衡状态。

这也是人们在异性交往中易把友情当恋情的重要原因之一。因为好奇心和个性的互补，在异性交往时，交往双方更容易获得满足感。

从以上的分析来看，人际交往的确是一门复杂的学问，学会观察到一些"背反"现象背后的心理因素，对我们建立和发展良好的人际关系将有着意想不到的作用。

（陈彤）

好马也吃回头草

孙莉大学毕业后，进入一家大型民企的行政部做职员。二年后，因为出色的工作能力，她被提拔为行政部经理。主要负责公司的车辆调度、办公用品的购买、展会的布置等工作。经过多年的工作磨合，孙莉与相关人员工作配合得非常默契，各种工作干得很顺手。

但是，工作久了，孙莉对自己的这份工作也有些"审美疲劳"了，总觉得自己应该找份更好的工作，应该挑战自己，争取更大的发展。

于是，孙莉跳到了一家更大的民企做行政部主管。因为不是这家公司"土生土长"的部门领导，缺乏群众基础，对于这个从别处"空降"来的部门经理，本公司行政部的几位老员工很不买账，工作上故意刁难孙莉。另外，孙莉与其他部门的工作也协调不好，因为其他部门的人员也不买她的账。

更让孙莉泄气的是，这家公司的老总脾气非常大，常常为员工工作上的一点儿小失误就在员工例会上大发脾气，毫不客气地点名批评。因为孙莉工作上缺乏大家的支持，部门工作做得很不如意，于是，她受到的批评最多。每次在众目睽睽下挨批评的时候，孙莉就非常怀念以前公司里和气的老总，非常怀念以前工作很默契的部门同事，但是，好马不吃回头草的思想让她死要面子活受罪地硬扛着。

那天，老总因为脾气不好，开始借题发挥，指责孙莉把整个部门领导得一塌糊涂，把孙莉训得脸成了紫茄子色。孙莉感觉自己实在待不下去了，于是，她果断地辞职了。

孙莉后来又换了几家公司，但是，没有一家合适的，总是工作得很不顺心。这个时候，孙莉非常后悔离开自己干得顺风顺水的第一家单位。认真思考了半天，孙莉鼓起勇气给"老领导"打了个电话："老总，我在外面晃悠了一大圈，有了对比，更加感觉以前良好工作氛围的可贵，感觉自己其实最适合在公司工作，因为有过教训了，心不再浮躁了，如果老总您肯给我一次机会，我一定倍加珍惜，一定努力地工作……"老总听了哈哈大笑："好好好，你出去转一圈也好，回来后，就能把心收住了，就可以安心地工作了，对于公司来说，也是好事情。"听到老总这么说，孙莉非常感动，泪水悄悄地流了出来。

"吃回头草"的孙莉从此非常珍惜自己的机会，工作很敬业，她想以自己的勤奋回报老总的宽容，老总也知道孙莉的苦心，于是对她更加信任。今年年初，老总把孙莉提拔为公司的副总，吃"回头草"的孙莉在职场上又迈了一大步……

职场上，人与单位是很讲究缘分的，如果工作氛围非常适合自己发展，如果"回头草"非常鲜美可口，那么，回头"吃草"就能得到更好的"养料"，也就能在职场上成长得更快、发展得更好。

在最适合自己生存的草地上，吃回头草的好马会长得更健壮！职场中，返回最适合自己发展的"老地方"，个人能力才能得到最好的发挥，才能做出更加优异的成绩。

（冯凡）

爱你一生

　　女人躺在床榻上，越来越瘦。男人把她从医院接回来的那一天，她就知道，自己剩下的日子，可以秒计。

　　每天，她可以坐起来一会儿，一小时或者半小时。她艰难地倚着床头，仔细且留恋地看着她和男人共同的家。沙发、餐桌、台灯，以及每天都会射来的那一缕阳光。她对男人说，怎么看，我都看不够呢。男人怜爱地抚摸着她的长发，轻吻着她的唇。那时她满头的长发，正一缕缕地往下掉，似深秋谢落的黑色的菊。

　　女人眷恋地看着男人，说，这世上，最让我放心不下的，就是你。男人笑笑说，你没事的，傻丫头。女人说，答应我，如果我去了，再找一位能照顾你的好女人。男人笑笑说，傻丫头，你肯定没事的。女人朝男人眨眨眼睛，还想说什么，男人却把手指轻轻压在她的唇上。不准乱说，男人说，一切都会好起来的。此时男人的心，似刀剜般，一下一下。那血，将他的世界染红。

　　女人让男人帮她买回杂志，每天，她都一本一本地仔细翻看，然后，再让男人去买。男人想问女人为什么突然喜欢上这些时尚杂志，他想劝女人不要看得太多，否则，身体吃不消。可是他终于什么也没有说，他想女人快去了，她的要求都应该满足。

女人说，再去买几本杂志回来吧！男人便去买。女人说，把电话移到床前来吧！男人便去移。女人说，你去照几张相片吧，帅一点！男人便去照。女人说，帮我把这几封信寄出去吧！男人便去寄。男人想，只要能留住女人，哪怕多留她一天，要他做什么，他都愿意。可是女人仍旧一天天地虚弱着，那几天，男人甚至不敢睡去，他怕一觉醒来，再也见不到她。

那天，女人对男人说，帮我去买一本杂志吧！她仔细地向男人描述着杂志的名字和期数。女人是笑着对男人说的，她的呼吸细微，目光凄迷。男人握着女人的手，不想离开。女人说，快去吧，我等着你。男人就去了。很近的路，却一路狂奔。男人拿到杂志，心突然怦怦地跳。毫无缘由地，他翻开那本杂志。一下子，他便呆住了。

他翻开的，恰是一页征婚广告。他的名字，竟排在第一位，并且配了他的照片和几行文字……某男，30岁，体贴善良，丧偶……

男人向家的方向飞奔，一路上，泪洒成河。终于，他再一次见到自己的女人。女人倚在床头，像以前一样，等着他。女人看了看他手中的杂志，嘴角动了动，却说不出话来。男人慌忙去握女人的手，却感觉那只手迅速离他而去。他发现，女人的笑容，正凝固成一段记忆。

有一种相爱，并不一定能够相偎相依着慢慢老去，但是，却会永远环绕在侧，用另一种形式，陪你静数细水流年。

（周海亮）

作　证

　　大街的十字路口处发生了一起车辆刮蹭，一辆小轿车横在路边，一辆摩托车倒在柏油路上。好在两个司机都没有受伤，但是他们起了争执。

　　交警接到报案，及时赶到现场，开始勘察现场并录证词。经询问，双方当事人叙述的事情经过截然相反。年轻的轿车司机说他根本没碰着摩托车，是摩托车司机自己摔倒的。而中年摩托车司机则一口咬定是轿车把自己刮倒的。于是交警开始寻找证人。

　　现场的人很多，据反映也有很多车祸目击者。于是，交警挑选了当事人双方都认定的现场的目击者开始取证。

　　交警首先问一位戴眼镜的先生："您叫什么名字？您看见发生车祸的全过程了吗？请您描述一下。"此时，眼镜男心想："其实我真的看见了发生车祸的全过程，但是，双方当事人与我一不沾亲二不带故的，我凭什么为他们作证啊？"想到这里，他撒谎道："我叫赵光，发生车祸时，确实是在现场，只是那一瞬间，我的鞋带开了，我正系鞋带，细节没看见。"

交警又问一位戴大太阳帽的中年人："您叫什么名字？车祸发生时，您在现场吗？请您描述一下。"太阳帽心想："其实车祸发生时，我离得最近，看得最清楚。但是，那个轿车司机又是打电话找关系，又是挽袖子的，肯定是个不好惹的主儿，我可不能为这事引火烧身。"想到这里，他说道："我叫孙建军，发生车祸时，我在现场。但是，关键时刻，正好一阵风吹眯了我的眼，所以没看清。"

交警无奈之下又转向一个打扮时髦的女郎："您叫什么名字？您看见车祸发生的过程了吗？请您描述一下。"此时，女郎心想："其实车祸发生时，我看得最清楚。不过现在讲究的是经济利益，我作证只担风险没好处，谁干这傻事呀？再说了，就是他们给我报酬，这个钱也不能挣啊？作证担风险，作伪证违法。别人都没有一个作证的，多一事不如少一事，我逞什么能啊？"想到这里，她说道："我叫孙华芬，发生车祸时，我因为打了一个喷嚏，所以没看清。"

至此，虽有很多目击者，交警就是取不到有用的证词。

正当交警为难之际，从人群中钻出了一个十多岁的男孩子，对着交警高声说道："警察叔叔，我作证，我看见了，是轿车先撞了摩托车。"

交警录了证词。

在场的人也都纷纷赞扬："还是孩子，天真无邪，无知无畏，敢讲真话，伸张正义，童心可敬啊！"于是，不由自主地为孩子鼓起掌来。

交警处理完事故，两个车主和孩子都相继离开。

　　不远处的一个路口，孩子拦住那摩托车司机，并坐上后座，然后对着司机说："爸爸，没伤着吧？到底是咋回事呀？我妈去姥姥家了。接到您的电话，我就赶来了，在人群里，我看到竟没人替咱作证。他们不给咱作证，咱自己作证，我就不信证不倒他。"

（李玉花）